U0554088

在鶴之海

文化展示力

上海历史文化系列读本

在鹤之洲·寻鹤之旅

鹤文化故事

鹤美华亭

胡杰明

—— 编 著 ——

东华大学出版社

·上海·

图书在版编目（CIP）数据

鹤文化故事：鹤美华亭 / 胡杰明编著 . —上海：
东华大学出版社, 2024. 11. — ISBN 978-7-5669-2385-1

Ⅰ . Q959.7-53

中国国家版本馆 CIP 数据核字第 2024NU4444 号

系列图书策划委员会

顾　　问：陈思和　　张　岚　　陈海波
总 策 划：詹　恒　　檀　莉　　张　涛
策　　划：胡　慧　　孙胜男　　邱正华　　胡杰明　　胡龙昌
设　　计：胡杰明
绘　　画：E-trees Lab 创作小组
校　　对：吴　彬　　王　洁

鹤文化故事：鹤美华亭

HE WEN HUA GU SHI: HE MEI HUA TING

胡杰明　编著

出　　版：东华大学出版社（上海市延安西路1882号，邮政编码：200051）
本社网址：dhupress.dhu.edu.cn
天猫旗舰店：http://dhdx.tmall.com
营销中心：021-62193056　　62373056　　62379558
印　　刷：上海万卷印刷股份有限公司
开　　本：787mm×1092mm　　1/16
印　　张：10.25
字　　数：120千字
版　　次：2024年11月第1版
印　　次：2024年11月第1次印刷
书　　号：ISBN　978-7-5669-2385-1
定　　价：98.00元

内容简介

　　本书从科普、文化传播、文化展示的角度，图文并茂地向广大读者介绍鹤文化的流变、意蕴、故事及鹤的生物特性等内容。从历史、人文艺术、自然等不同的视角解读鹤文化，尤其是上海浦东地区华亭鹤的典故、传说、故事及上海地区与鹤有关的地名等。图说鹤与江南、鹤与上海的文化渊源，并将古往今来关于鹤的诗文、绘画代表作品进行梳理与展示，让读者从不同的表现场景欣赏、重审鹤之美学意蕴。

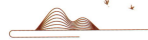

　　46年前的春天，我刚刚获得复旦大学中文系的录取通知，偶然在《人民文学》杂志上读到一篇报告文学，题目为《哥德巴赫猜想》，写的是数学家陈景润攻克数学难题的故事，轰动一时。作者徐迟是一位著名诗人，他用诗的笔调写下这篇报告文学，文章里许多文辞艳丽的句子深深吸引我，其中就有这么一段至今难忘的描述：

　　　　且让我们这样稍稍窥视一下彼岸彼土。那里似有美丽多姿的白鹤在飞翔舞蹈。你看那玉羽雪白，雪白得不沾一点尘土；而鹤顶鲜红，而且鹤眼也是鲜红的。它踯躅徘徊，一飞千里。还有乐园鸟飞翔，有鸾凤和鸣，姣妙、娟丽，变态无穷。在深邃的数学领域里，既散魂而荡目，迷不知其所之。……

　　这是我第一次接触到鹤的文学形象。

　　我不但背诵了这篇脍炙人口的当代文学作品，还追溯到古典文学中的鹤形象，于是，鲍照的《舞鹤赋》也随之进入了我的眼帘：

　　　　精含丹而星曜，顶凝紫而烟华。引员吭之纤婉，顿修趾之洪姱。叠霜毛而弄影，振玉羽而临霞。朝戏于芝田，夕饮乎瑶池。

　　真是写得太美了，用现代语来表达，就是：含着火苗的眼睛如星星闪烁；凝着紫烟的丹顶上烨烨光华。圆润之歌喉清彻委婉；舞蹈之长腿美轮美奂。重重叠叠的雪色翅翼，起舞弄影；振奋高飞的玉白羽毛，穿云越霞。朝发夕至，遨游在神国仙境……

　　白鹤，因为形象的高蹈，毛色的素雅，声音的高亢清唳，似乎不食人间烟火，被人尊称为"仙鹤"。又被中华本土宗教所看重，引为道家神仙的坐骑和道具，于是划入远离红尘名利场，结伴于山林名泉的隐士文化，形成了中国古代文化的特别象征。"鹤"与"凤"是中华古文化的两种图腾，凤文化热烈、辉煌、悲壮，是战士为了信仰自甘涅槃的精神所在；鹤文化则高冷、清澈、淡泊，是隐士爱惜羽毛、坚持原则、不与俗世同流合污的智慧象征，也是对世人洁身自好的提醒与赞美。

古代华亭地区有鹤文化的记载，相传成书于南宋的《云间志》记载："华亭县之东，地名鹤窠，旧传产鹤，故陆平原有华亭鹤唳之叹。"鹤文化的历史上溯到了东晋时代，千百年来此地流传了许多与鹤有关的传说、故事、诗文与书画。传说可以采集民风，故事可以流传人口，诗文足以明心志，书画足以饰高雅。淡泊以明志，宁静以致远。这是中国读书人世代向往的高洁理想与道德楷模。尤其是经过了焚琴煮鹤的岁月，人们对于鹤文化的内涵，增添了新的理解与珍爱。

古代的华亭、云间，即属今天的上海市松江区，昔年诗文里流传的鹤窠村，现在浦东航头镇牌楼村境内。至于有关鹤文化痕迹的地名，范围就更加广泛，散布在南汇、川沙、松江一带多处，成为上海文化历史中极为珍贵的一部分，也是江南文化中历史悠久、形象美丽的非物质文化遗产之一。胡杰明教授热爱家乡文化，积极参与了东华大学和航头镇校地合作项目，为本乡本土历史文化遗产做深入开掘、创新研究和传播推广，本书就是项目"上海城市历史文化读本系列"的一本，以图文并茂的形式，积极宣传华亭鹤文化，在当代上海文化建设中广播美好善良之种子，斯意诚哉，斯意美哉。

胡杰明教授嘱我为书作序，我在病中，不能久用电脑，勉强作千余言，以表心迹，权作对学者走出书斋，深入民间作田野调查，弘扬民间文化精神，表示支持。

复旦大学哲学社会科学领域一级教授
上海作家协会副主席
2024 年 6 月 20 日于鱼焦了斋

华夏文明对于鹤的推崇由来已久，远古时候就有鹤的图腾，相对于中原对龙的崇拜，对鹤的礼赞少了威权的庄严，似乎更是一种飘逸的存在。在远古的神仙信仰里，仙人形象多是身有双翼，是能自由飞行的"羽人"，或驾鹤西去，或变羽人，鹤的翅膀均是人们向往自由翱翔的依靠，《楚辞·远游》中所云"仍羽人于丹丘兮，留不死之旧乡"，王逸注曰："人得道，身生毛羽也"，得道成仙少不了鹤的助力。而要得道，必须为高人志士，鹤的形象与人的修身洁行、笃志守信的精神品格相连，世人常用鹤的翩翩然喻君子之风，追求成为高尚品德的贤能之士。

如果要找一个鸟类的吉祥物来表示江南，鹤就是不二的选择。这不光是鹤类的地理分布和生物属性使然，也是由其文化属性所体现。中国是鹤类最多的国家，鹤喜栖息于开阔平原、沼泽地带和海边滩涂，而江南的湖港河汊、广袤耕地、成片芦苇就成了鹤的家乡，它在这片土地上昂首阔步、仰天长啸、翩翩起舞、自由翱翔。鹤性情高逸恬静，形态优雅美丽，其生活习性和优美形态，赋予了人们无限的美好遐想，生成了许多文化意象，如洁净、忠贞、恋家、高寿等。鹤的自由飞翔非常契合江南的文化追求：飘逸而潇洒。在画家笔下的鹤是俊雅和长寿的象征，在诗人描绘中的鹤是高洁和道德的化身，文人雅士自诩为"鹤鸣之士"，将鹤的形象和内涵融为丰富的文化意象。

胡杰明老师敏锐地发现鹤与上海的密切关系，她主导编著的上海历史文化系列将《鹤文化故事：鹤美华亭》纳入其中。此书给我们一个惊喜，她钩沉了上海和鹤的渊源，将上海丰富的文化遗产做了视觉化的表现，其中不少是脍炙人口的传说和典故，如被誉为大字之祖的《瘗鹤铭》，又如由著名文学家华亭二陆引发的著名对联"云间陆世龙，日下荀鸣鹤"等。《鹤文化故事：鹤美华亭》一书还不限于此，从鹤文化的源流讲起，延伸到鹤的生物特性，并将中华诗文和书画中的鹤的美一一展示

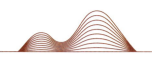

开来，给了我们宏阔的视野。作为一本通俗普及读物，图文并茂，深入浅出，阅读性强，不光能让我们科普到了鹤的自然属性，强化了生态保护理念，让美丽的鹤与我们人类和谐共存，也能让我们感受鹤的圣洁、清雅和自由飞翔，给我们生活带来高尚的追求和审美的愉悦。

通览《鹤文化故事：鹤美华亭》，让人感到此书也一定能"鹤鸣于九皋，声闻于野"，会有更多的人了解鹤，喜欢鹤，并体验鹤带给我们的美学魅力。

張 嵐

上海市历史博物馆原馆长　研究馆员

2024 年 6 月

　　文化是一个国家、一个民族的灵魂。在中华文明的历史长河中，文化不仅承载着历史记忆，凝结着民族智慧，也塑造了国民品格。中华文明源远流长、博大精深，是中华民族独特的精神标识，是当代中国文化的根基，是维系全世界华人的精神纽带，也是中国文化创新的宝藏。历经五千多年的历史积淀，中华优秀传统文化已成为我们民族的宝贵财富。

　　以提升文化传播辐射效用为出发点，作者于2019年提出原创性学术概念"文化展示力"，并在此基础上开展了一系列关于城市文化展示力的研究和实践。城市文化展示力是指以深度发掘城市文化基因为基础，以城市文化情感共鸣和价值认同为目标，从展示学的文化演绎和多维度叙事的创新视角，为人们提供系统性、在地性和持续性的城市文化峰值体验、文化内容产出和文旅公共服务的能力。这一概念提出至今，相关研究已从工作法层面衍生到文旅产业发展的逻辑与策略，进一步又涉及文化生产力的深度研究。

　　作为提升城市文化展示力的一种探索实践，本套丛书应运而生。丛书以浦东文化这一具有"元海派"特点的文化形态，作为彰显上海城市文化展示力的切入点，聚焦浦东文化进行重点开掘，从盐文化、鹤文化等点状具体的文化专题，上升到断代式的、更具宏观视野的、着眼于上海文化全版图的文化研究，并由此延伸出对"元海派"文化的思考。从冈身到捍海塘、钦公塘等海岸线变迁发展而来的滨海放鹤、产盐之地，实则蕴藏了从唐代中叶至民国时期上海历史文化图景中的斑斓一隅，其中亦可窥见上海的原住民文化源流。从开辟古盐田到围垦建设纵浦横塘、圩圩相接的塘浦圩田滩涂，这漫长的历史进程是"人进鹤退"留下的历史辙迹，也是上海城市文脉绵延悠长的又一鲜活佐证。

　　编纂这套书的过程，也是作者对家乡故土重拾记忆、重建认知的过程。虽然自幼便知道家乡下沙又名"鹤沙"，但是直至2018年才真正将地名与盐文化、鹤文化相关联。当千年的历史与当下联结、映照，文化的传承与创新仿佛有了具象的模样。2023年,《盐文化故事:〈熬波图〉新说新绘》入选"全国中小学图书馆（室）

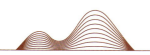

拟推荐书目"，可以说，这是浦东的盐文化走向全国的第一步，我们也期待中华优秀传统文化的创造性转化与创新性发展将从中产生更多可能。

与盐文化的烟火气不同，鹤文化从里到外都透着一股超脱的仙气。在历史的长河中，从古代的神话传说到现代的文学艺术，鹤以其优雅的姿态和深远的寓意，频繁出现在各类文化介质中，成为体现中华文化深厚底蕴的意象符号之一。

上海与鹤文化结缘已久。古时滨海的华亭之地，人烟渺茫，蒹葭拂浪。白鹤等禽鸟在此繁衍生息，诸多文人墨客来此赏鹤观景。华亭侯陆逊及儿孙在此读书、养鹤、放鹤，王羲之、白居易、刘禹锡又甚为喜鹤，在诸多的诗文歌赋里反复咏叹鹤之美，留下很多与华亭鹤相关联的故事。与华亭鹤相关的文艺作品也数不胜数，如被誉为"大字之祖"的《瘗鹤铭》等。鹤这一文人偏爱的"一品鸟"在这片地域上激发了许多瑰丽美好的想象。从"华亭鹤唳"到如今似乎依迹可循的"放鹤路"，古地名鹤窠村（如今浦东航头镇牌楼村）与小昆山的文化关联线路瞬间清晰。

《鹤文化故事：鹤美华亭》是一本以华亭地区鹤文化为切入点，探索和讲述鹤在中国文化中独特地位的书籍。本书旨在通过文化科普的方式，揭示鹤在中国文化中的多重象征意义，以及它如何影响中国人的思维方式和审美观念。从鹤的长寿和高洁，到它在文学、艺术、宗教和哲学中的表现，本书深入探讨了鹤文化的丰富内涵。通过阅读本书，不仅可以了解鹤在不同历史时期的象征变化，还将探索鹤如何成为人们追求美好生活和精神寄托的象征。

长久以来，鹤是人们心中非常喜好的"图腾"代表。如今重读鹤文化故事，新说华亭鹤之美，再拾"余皆凡格"的那种气度，我们期待通过对华亭之地人文精神的回望与致敬，鼓舞更多人参与华亭文脉的再塑与振兴。

期待读者徜徉书中，一起走进华亭，一个充满诗意的地方，去发现那些关于鹤的美丽传说和深邃意蕴。

2024 年 3 月

目录

yi

华亭《瘗鹤铭》摩崖大字水前拓本

鹤寿不知其纪也，壬辰岁得于华亭。

——《瘗鹤铭》

鹤的象征意义

孔门之逸士

释门之禅者

玄门之仙客

皇家之祥瑞

林泉之知己

画苑之高格

黎庶之吉兆

鹤形修，步行规矩，情笃而不淫。

居安静，饮食清洁，擅鸣而不噪。

勤展翅，能薄云汉，一举千里。

故享遐龄，可得千岁。

人亦可效其道引以增年。

低头乍恐丹砂落，
晒翅常疑白雪消。
　　——白居易《池鹤二首》

举修距而跃跃，
奋皓翅之㿟㿟。
　　——路乔如《鹤赋》

白翎禀灵龟之修寿，资仪凤之纯精。
　　——王粲《白鹤赋》

嗟皓丽之素鸟兮，含奇气之淑祥。
　　——曹植《白鹤赋》

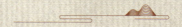

引员吭之纤婉，顿修趾之洪姱。
kuā

——鲍照《舞鹤赋》

羽族之宗长，仙人之骐骥。

——《淮南八公相鹤经》

岂是笼中物，云萝莫更寻。

——李群玉《失鹤》

丹顶西施颊，霜毛四皓须。

——杜牧《鹤》

羽翼光明欺积雪，风神洒落占高秋。

——郑谷《鹤》

丹砂作顶耀朝日，白玉为羽明元裳。

——解缙《题松竹白鹤图》

朱冠缟衣，四池玄缘。

——徐渭《画鹤赋》

两两白玉童，双吹紫鸾笙。

——李白《古风·五鹤西北来》

华表千年一鹤归，凝丹为顶雪为衣。

——刘禹锡《步虚词》

题咏鹤五绝六首——宋徽宗 赵佶

舞风

乘风振翼而舞

为爱婆娑态，
援毫拂素纨。
斜欹庭下凤，
轻逐鉴中鸾。

警露

回首引颈上望，谓因露下而有所警觉

露下秋容浅，
天高夜色凉。
粉毛寒涩浙，
丹顶老椎藏。

理毛（疏翎）

转颈其毛羽

振羽神情暇，
四睇志意高。
自将仙袂整，
似欲奋层霄。

顾步

行而回首下顾

自有排空志，
犹怀顾后情。
网罗今不密，
回首不须惊。

啄苔

垂首下啄于地

本是神仙侣，
何求燕雀知。
玉堦聊引喙，
不待稻粱肥。

唳天

举首张喙而鸣

不使乘轩贵，
常期在野闻。
坐看方素上，
嘹唳入青云。

《庄子·齐物论》成玄英疏"六合者，谓天地四方也"。中国古代意六合为大千世界之称谓。"鹤"谐音"合"，因此鹤是组成"六合同春"必不可少的元素。

［注］根据宋徽宗《六鹤图》创作的《新六鹤图》。

鹤，

形高洁俊朗，步行规矩，

情笃而不淫，鸣则闻于天，

翔则一举千里。

鸾音鹤信
——源远流长的鹤文化

　　它是风姿俊逸的羽中仙，也是益寿延年的祥瑞兆；是振翅凌霄的贤雅士，也是野步闲云的尘外客。

　　鹤，是中国文化中极具美学意蕴与精神内涵的意象符号。千百年来，关于鹤的诗文书画传世不绝，人们对鹤寄托情怀、志趣，也寄寓美好祈望，成为真善美的化身。

　　我国的鹤文化源远流长，约始于先秦，兴于汉，盛于唐宋，明清继而不衰，在漫漫的历史长河中，其内涵经历了由自然物到神化、艺术化、贵族化、大众化的演变过程。

　　鹤文化植根于中华文明的丰沃土壤，闪烁着中华文明的熠熠华彩，是中国文化中的瑰丽篇章。

❶ 鹤文化的历史流变

与龙、龟等一开始就被神化的动物图腾不同，鹤最初只是作为一般性动物出现，因其淡雅天然的健美和善鸣、善舞、喜静立等特性被人们所钟爱，并被赋予多重人格特征以及美学内涵。在此基础上，鹤与文化结缘，逐渐成为形神兼美的文化符号。

从被观察的客体生物，到被人格化，成为天国的使者、君子的化身，乃至"方直之臣"的徽识，鹤的艺术形象，在漫长的岁月中，经历史上众多出身、地位、身份不同的人士的观察、提炼、加工，从而广泛渗透于哲学、宗教、文学、艺术及日常生活的各方面。

鹤文化，其来有自、传承有序、源远流长。

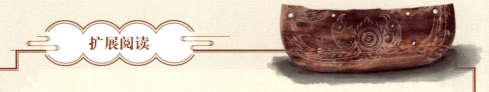

扩展阅读

双鸟朝阳纹牙雕

"河姆渡文化双鸟朝阳纹牙雕"又被称作"河姆渡文化双鸟朝阳纹象牙蝶形器"，于1977、1978年在浙江余姚河姆渡遗址出土，是新石器时代罕见的牙雕，也是原始象牙雕刻中的艺术珍品，具有极珍贵的历史价值，反映了河姆渡人的审美观念和艺术成就。从这件艺术品中可以看到原始河姆渡人对鸟的喜爱和对太阳的崇拜。

◎ 鹤文化起源与鸟的信仰崇拜

源远流长的鹤文化起始于何时，已查无可考。可以确定的是，中国文化中对鹤的崇拜源于鸟图腾崇拜。

图腾文化，作为一种原始意象，它蕴含着民族远古时代的记忆和信息。在广阔的中华大地，生活其间的先民自古与鸟为伴，萌发了对鸟的无限崇拜和敬仰，形成了神奇的鸟信仰文化。尤其是，东方沿海一带的诸部落多以鸟为图腾。在河姆渡文化、良渚文化中都频频发现刻绘有各种鸟形图案的文物。对鸟的崇拜，是远古先祖们希望挣脱自然界的束缚、实现自身价值的心理写照。这种渴望自由与自我觉醒的意识，与之后鹤作为超尘绝世的仙禽形象，在文化内涵上是一脉相承的。

◎ 作为自然生灵的鹤

根据现有可考的资料，鹤的艺术形象首次出现于古文献，是在中国最早的诗歌总集《诗经》中。这本先秦时期的诗集中，《鹤鸣》一诗有句云："鹤鸣于九皋，声闻于天。"诗句形容鹤栖息山野，但其鸣叫声悠远清扬，比喻隐居的贤者依然名声在外。由此可见，在鹤文化萌芽阶段，鹤就被赋予了高尚的品质，具有人格化特征。

我国现藏于故宫博物院的春秋时期的莲鹤方壶，标志着鹤的形象已登上工艺文化的殿堂。其后，还有战国早期的青铜器鹿角立鹤以及战国帛画《人物御龙图》《人物龙凤图》等艺术品中均出现鹤形象。尽管创作者赋予鹤以强烈的浪漫主义气息，力图使其摆脱现实形象，但上述作品皆取材于真实的现实生活，显示出古朴的艺术风格，其中的鹤形象未能完全脱离作为自然物的范畴。《左传》中卫懿公好鹤一事，也印证了该时期鹤仍作为自然之物的事实。

鹤鸣

〔先秦〕佚名

鹤鸣于九皋[1]，声闻于野。鱼潜在渊，或在于渚[2]。乐彼[3]之园，爰[4]有树檀，其下维萚[5]。它山之石，可以为错[6]。

鹤鸣于九皋，声闻于天。鱼在于渚，或潜在渊。乐彼之园，爰有树檀，其下维榖[7]。它山之石，可以攻[8]玉。

---

[1] 九：泛指多数。九皋，指深远的沼泽和浅水湖区。

[2] 渚：水中间的小块陆地，此处当指水滩。

[3] 彼：他，此处指贤人。

[4] 爰：语首助词。

[5] 萚：酸枣类的灌木。一说低矮的树木，一说枯落的枝叶。

[6] 错：一种用石或铁制成的磨琢工具。
全句意为劝告统治者起用在野的贤人，
与其研商国事。

[7] 榖：树木名，即楮树，其树皮可造纸。

[8] 攻：加工。

莲鹤方壶

莲鹤方壶

　　莲鹤方壶为一对两件，分别藏于故宫博物院及河南博物院。壶身为扁方体，壶的腹部装饰着蟠龙纹，龙角竖立。壶体四面还各装饰有一只神兽，兽角弯曲，肩生双翼，长尾上卷。圈足下有两条卷尾兽，身作鳞纹，头转向外侧，有枝形角。承托壶身的卷尾兽和壶体上装饰的龙、兽向上攀援的动势，互相呼应。壶盖被铸造成莲花瓣的形状，一圈肥硕的双层花瓣向四周张开，花瓣上布满镂空的小孔。莲瓣的中央有一个可以活动的小盖，上面有一只仙鹤站在花瓣中央，仙鹤似乎正在昂首振翅，翘望着远方，造型灵动。

鹿角立鹤

鹿角立鹤收藏于湖北省博物馆，为战国早期的青铜器物，1978年于湖北曾侯乙墓出土。

这件鹿角立鹤全身以榫卯构连。鹤细长颈，昂首仁立，舒展双翅，头插一对上翘呈弧形的铜质鹿角，拱背，垂尾，两腿细而长，立于长方形座板之上。鹤嘴部右侧有铭文一行七字："曾侯乙作持用终"。

这件器物集鹿、鹤、龟等瑞兽特征于一体，故此器寓意"吉祥长寿"。夸张变形的设计不仅赋予了这只灵鸟无尽的神秘感，而且充满动态美感。先民以精湛的艺术表达对神明的敬畏，以及热爱生活、追求美好、浪漫奔放的情怀。这件器物也体现了湖北地区先民高超的青铜铸造技术和独特的审美情趣。

曾侯乙墓出土鹿角立鹤

人物龙凤图

《人物龙凤图》是战国时期佚名创作的一幅绢本淡设色画，出土于湖南长沙陈家大山楚墓，现藏于湖南博物院。《人物龙凤图》表现的是龙凤引导墓主人的灵魂升天的情景。画中右下方有一位侧身而立的中年妇女，阔袖长裙，双手合十像在祈祷。妇人头顶上有一只腾空飞舞的凤鸟，尾羽向上卷起。左侧是一条体态扭曲的龙，正向上升腾。该画被认为是中国现存最古老的帛画之一。

人物龙凤图

人物御龙图

人物御龙图

《人物御龙图》是战国中晚期佚名创作的绢本水墨淡设色画作，出土于长沙子弹库楚墓一号墓穴，出土时平放在椁盖板与棺材之间，现收藏于湖南博物院。该图描绘的是墓主人乘龙升天的情景。此幅非衣帛画上端有竹轴，轴上有丝绳，为一幅可以垂直悬挂的幡，应是战国时期楚国墓葬中用于"引魂升天"的铭旌，属于非衣性质的战国晚期帛画。

卫懿公与鹤乘轩图

　　《左传》："冬十二月，狄人伐卫，卫懿公好鹤，鹤有乘轩者。将战，国人受甲者皆曰：'使鹤，鹤实有禄位，余焉能战！'"说的是，春秋时，卫懿公喜爱鹤到了痴迷的地步，甚至外出时让鹤也乘轩。当要和敌人打仗时，兵士们说："让鹤去打仗吧，鹤享有官禄官位，我们哪里能打仗！"卫国终于破灭。后人用乘轩鹤比喻无功受禄的人。

鹤乘轩图

◎ 作为天国仙禽的鹤

汉以后，鹤文化发生第一次飞跃。鹤，由自然物转变为仙界神物，与一些神仙传记、古老传说相得益彰。长沙马王堆出土的T形西汉帛画中，在女娲的上方，有五只鹤昂首而鸣，说明此时鹤已成为人们心目中的天国仙禽。

T形西汉帛画（局部）

随着道教的产生，鹤日趋神化，出现了许多关于鹤的神话。由于鹤善飞、长寿，具有仙人、羽客的特征，因此鹤先是作为神仙坐骑，后演化为神仙化身。这时的鹤文化已上升为仙鸟信仰文化，鹤作为仙家象征，与道教产生了极为密切的关系。

我国最早与鹤有关的仙人，首推王子乔。王子乔，周灵王太子晋也。汉代刘向的《列仙传》记载有王子乔跨鹤成仙的传说。说的是，王子乔好吹笙，随道士入山学道成仙，三十余年后骑鹤在缑（gōu）氏山头与家人见面，又驾鹤而去。这一典故被后世诗文屡次沿用。后世鹤被升华为仙禽，也与这部书的渲染有关。此外，陶渊明《搜神后记》中，记载了丁令威修仙学道化而为鹤的典故，也极负盛名。

长沙马王堆出土的T形西汉帛画

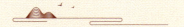

道观常以鹤为名，道士修炼时常有鹤相伴，乃至道士的长袍也被称为"鹤氅（chǎng）"。在现代人看来，鹤氅就是道士的长袍，可是，在古代却是指羽毛做的裘，这种裘是贵族的奢侈品。南朝宋刘义庆《世说新语·企羡》中说："孟昶（chǎng）未达时，家在京口。尝见王恭乘高舆，被鹤氅裘。于时微雪，昶于篱间窥之，叹曰：'此真神仙中人！'"在晋、南北朝、隋唐之际，鹤氅是风流名士的

晋代陶渊明《搜神后记》中记载有丁令威化鹤的传说

时装，后来才成为道服的专称。鹤是张天师的坐骑。八仙之一的吕洞宾，传说也是鹤的化身。此外，还有许多关于鹤的神仙故事，是现实生活的写照，带有浓厚的劝人弃恶从善的宗教色彩。

在佛教中，鹤常喻禅者之境界，自由、自在，无所障碍。从佛祖涅槃到六祖降生都有鹤的身影，从药山问道到牧溪禅画历代高僧居士常喻鹤喻禅，禅宗经典《从容录》："沧海阔，白云闲，伴鹤随风得自在。"

丁令威化鹤

鹤氅

　　鹤氅由羽衣演化而来，穿着时披在身上并在颈部打个结或者系个纽扣，像现代人所穿的披肩。最初的鹤氅像羽衣一样，通体用仙鹤的羽毛制成，用料考究，艳丽绝美，极尽奢华。随着鹤的羽毛越来越难得到，以及西京大同地区纺织技术的进步和原材料的丰富，后世便用其他服饰材料代替羽毛，并大范围绣仙鹤，人们便将这类服饰统称为鹤氅。道教的世俗化使得鹤氅与宗教相联系，并成为方士、神仙家修炼的特定着装。道士先穿道袍、环裙，再外披鹤氅，因此，鹤氅也是道服的一部分，这在北宋道书中也有相应记载，阎德源墓出土的这件鹤氅就是最好的佐证。

鹤氅

王子乔骑鹤图

王子乔骑鹤图

  据传周灵王的太子晋，即王子乔，擅长吹笙，能够用笙吹出凤凰鸣叫的声音，引来百鸟朝凤。他一心学道，不想继承王位，也不想在王宫中享乐，于是他离开王宫，随道士浮丘公到山上修炼，三十余年都没有下山，后来周灵王派桓良上山找他，他就对桓良说："你回去告诉我的家人，到了七月七日的那一天，我就会在缑氏山和他们相见。"到了那一天，家人们果然看见王子乔乘着一只白鹤停在山顶，他只是在远处向家人们挥手致意，不久，就骑着仙鹤飘然离去。

《簪花仕女图》中的鹤

◎ 作为艺术意象的鹤

　　唐宋时期，鹤文化经历第二次飞跃，进入由神化而趋向艺术化的新阶段。此时，鹤广泛进入诗文和绘画中，成为文人墨客、丹青画手们的表现对象，但其作为仙禽的传统观念仍得以继承和发展。

　　这段时期，受到魏晋南北朝以来，儒、释、道三家思想交融的影响，儒家的"仁"与释家的"慈悲"、道家的"劝善"，三者碰撞、交织、融合，极大地促进了思想文化的交流和发展。文人士大夫们借鹤抒怀，以鹤为主题创作了大量的诗、文、书、画，极大地促进了唐宋鹤艺术的繁荣。鹤的美学意蕴日趋多元，内涵意义更为丰富。其中，隐逸之士与鹤结缘，以鹤之高洁自喻，为后人留下了诸多千古美谈。

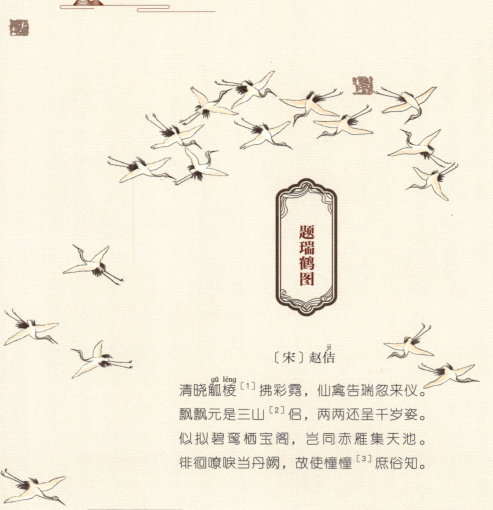

题瑞鹤图

〔宋〕赵佶（jí）

清晓觚棱（gū léng）[1]拂彩霓，仙禽告瑞忽来仪。

飘飘元是三山[2]侣，两两还呈千岁姿。

似拟碧鸾栖宝阁，岂同赤雁集天池。

徘徊嘹唳当丹阙，故使憧憧[3]庶俗知。

[注]宋徽宗赵佶（1082—1135年），宋朝第八位皇帝，书画家。其发展了宫廷绘画，广集画家，创造了宣和画院，培养王希孟等一批杰出画家。赵佶的艺术造诣很高，自创书法字体，被后世称为"瘦金体"。

[1] 觚棱：殿堂上最高的地方。

[2] 三山：传说中的海上三神山，即方丈、蓬莱、瀛洲。

[3] 憧憧：往来不绝貌。

唐墓室壁画

◎ 作为珍稀瑞禽的鹤（一品鸟）

敦煌壁画中的鹤

明清两代，人们的生产活动范围日益扩展，鹤的栖息范围日愈收缩，鹤成为珍稀的禽鸟。这时，鹤的文化地位又一次提升，即进入"贵族化"阶段。

明清大修宫苑，鹤不仅被豢（huàn）养于皇家园囿之中，其艺术造型，如铜鹤，也成为帝王殿堂上的神物。仙鹤图案成为皇家林苑、楼阁中的吉祥标识。清代一品文官补服的徽识即为仙鹤，鹤的地位仅次于龙凤。这段时期，为统治者所欣赏的鹤造型艺术作品都显示出荣华、高贵的气质。

同时，鹤在民间被推崇为主要的祥禽瑞兽。明以后，文人首次以"松鹤延年"为主题作画，鹤与松首度同框，开启了松鹤图之先河。

秦始皇陵青铜鹤

秦始皇陵青铜鹤

这座青铜仙鹤出自铜禽坑，青铜鹤通高77.5厘米，通长102厘米；踏板长47.5厘米，宽32.5厘米，厚1厘米。铜鹤站在镂空云纹长方形青铜制踏板上，呈现出长曲颈下伸至地面作觅食状。这只青铜仙鹤不仅体现出了秦始皇想要借鹤为舆、死后成仙的心愿，也进一步反映出当时秦朝人民"事死如事生"的思想。

故宫铜鹤

故宫建筑里的不同方位存放着各种不同的祥禽瑞兽，太和殿、乾清宫等地都有铜鹤，金銮殿上除了龙雕之外还有铜鹤立于皇帝御座两旁，甚至乾清宫皇帝宝座前也立有口衔灵芝的双鹤，代表着祝福皇帝长寿万岁之意。

故宫铜鹤

清朝文官补服

清代将一品文官补服的徽识定为仙鹤，使仙鹤地位提高到仅次于龙凤，并而与一品武官补服的徽识——神话中的麒麟分庭抗礼。

一品当朝纹图

古代寓意纹样中也常使用鹤图案。在我国传统的鸟文化中，鹤是"一人之下，万人之上"的，地位仅次于"凤"（皇后），故用鹤表"一品"，为封建王朝官员最高等级。鹤性清高，常用作一品官补子的图案。补子上绘仙鹤立于岩石之上，借喻人臣之极。"潮"与"朝"谐音，仙鹤当潮水而立于岩石，寓意"一品当朝"，表示官位极高，主持朝政。

明清一品文官肖像及补子

❷ 鹤的文化意蕴

　　鹤，作为形式美与内在美的统一集合体，被赋予了多重文化意蕴。道教信徒把鹤看成仙人的骐骥、仙界的使者；文人儒士把鹤比作仁人君子；隐逸之士视鹤为自身清高超逸人格的代表；统治者把鹤作为能委以重任的"方直之臣"；在多数人心目中，鹤乃吉祥、幸福、长寿的象征。鹤的艺术形象经由不同人士的观察、提炼、加工而愈渐丰富。鹤是形象性、社会性、思想性三者之美的统一和谐体。

◎ 鹤之仙风

　　在中国古代文学作品中，鹤往往有着强烈的神仙意象，多被喻为"仙禽"，或是直接比喻为神仙。在神仙的传说中，仙人驾驭的多是鹤，鹤成为"仙人的骐骥"，常常往来于仙凡之间。基于鹤与神仙这样密切的关系，诗文中"驾鹤"的意象，也往往有"神仙"的寓意。中国古代传说中还多有修道的人可以化成鹤，或是仙鹤可以化成人的故事。虽然这些能化成人的鹤不尽是神仙，但往往是超越常人而类于神仙。

◎ 鹤之祥瑞

　　道教文化中，仙鹤是长生不老的象征，被视为羽化登仙的使者，因而仙鹤被赋予长寿的意义。公元前2世纪，《淮南子·说林训》提到"鹤寿千岁"，至今，我国以鹤为祥瑞的风尚已持续2000多年。魏晋南北朝时期，小儿用以祈吉利、避邪的随身饰物"压胜钱"上，就铸有"龟鹤齐寿"的图案。《大唐六典》称"元鹤为上瑞"。宋《尔雅翼》称"古以鹤为祥，故立之华表"。可见鹤作为祥瑞的象征由来久远。明清以后，鹤的艺术形象成为皇宫的重要吉祥物，并直接影响了人们生活密切相关的造型艺术。人们常把鹤与龟、松并列，作为长寿的象征。"鹤龄""鹤寿""龟鹤延年"等都是民间祝寿时常用的吉祥词。

"知龟鹤之遐寿，
　　故效其道引以增年。"
　　　　　　——《抱朴子·内篇·对俗》

"鹤寿千岁，以极其游，
　　蜉蝣朝生而暮死，而尽其乐。"
　　　　　　——《淮南子·说林训》

18~19世纪龟鹤齐寿铜镜　　　龟鹤齐寿钱币（正面）　　　龟鹤齐寿钱币（反面）

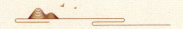

◎ 鹤之雅正

古人认为，鹤是灵秀之物，秉天地之正气而生，与圣贤、君子情志相通。鹤，长颈、尖身、顶赤、身白，给人一种清高之感，所以，鹤很早就被视作有德行的禽鸟。人们常以鹤之卓尔不群、优雅娴静，象征德才兼备、温文尔雅的谦谦君子，借鹤来美化乃至神化某些受人尊崇的历史人物，甚至是寄托对明君、清官和太平盛世的希冀。如宋代名臣富弼出生时，其母梦旌旗鹤雁降落庭园；人称"铁面御史"的赵抃，赴成都为官时，仅携一琴一鹤，以示为政的简易清廉。类似的故事、传说屡见于唐宋以来的正史或笔记小说之中，成为反映人民意愿的历史折光，显示了以鹤为贤者的深层文化意识。

扩展阅读

一琴一鹤

指宋朝赵抃（biàn）去四川做官时，随身携带的东西仅有一张琴和一只鹤；形容行装简少，后世以此比喻为官清廉。沈括《梦溪笔谈》曾记载此事，"赵阅道为成都转运使，出行部内，唯携一琴一鹤，坐则看鹤鼓琴。"《宋史·赵抃传》对此也有记述："帝曰：'闻卿匹马入蜀，以一琴一鹤自随；为政简易，亦称是乎！'"

◎ 鹤之隐逸

明·沈周《桐荫玩鹤图》（局部）

鹤喜欢栖息在远离喧嚣的郊野，如山间深谷、沼泽滩渚等，因而被视为"清远闲放"之物，被赋予超脱隐逸的精神意义。这一疏放、飘逸的特性符合古代文人的审美观和创作需要，寄托人们对清幽境界的向往，也被视作人们身处困顿、身陷污浊之时坚守自身高洁品性的象征。因此，关于鹤的艺术作品往往弥漫着遁世绝尘的气质，如白居易的《池上篇》、苏轼的《放鹤亭记》、沈周的《桐荫玩鹤图》等。宋代隐士林逋（bū）"梅妻鹤子"的故事更是为人所熟知，不同的是，这个故事更透露出安逸闲适的意境，自此，鹤与逸士产生紧密关联。成语"闲云野鹤""野鹤孤云""云心鹤眼"等，也是鹤的这一文化内涵的体现。

梅妻鹤子

池上篇

〔唐〕白居易

十亩之宅，五亩之园。有水一池，有竹千竿。

勿谓土狭，勿谓地偏。足以容膝，足以息肩。

有堂有庭，有桥有船。有书有酒，有歌有弦。

有叟在中，白须飘然。识分知足，外无求焉。

如鸟择木，姑务巢安。如龟居坎，不知海宽。

灵鹤怪石，紫菱白莲。皆吾所好，尽在吾前。

时饮一杯，或吟一篇。妻孥[1]（nú）熙熙，鸡犬闲闲。

优哉游哉，吾将终老乎其间。

［注］白居易（772—846年），字乐天，号香山居士，又号醉吟先生，祖籍太原，到其曾祖父时迁居下邽，生于河南新郑，是唐代伟大的现实主义诗人，唐代三大诗人之一。白居易与元稹共同倡导新乐府运动，世称"元白"，与刘禹锡并称"刘白"。白居易的诗歌题材广泛，形式多样，语言平易通俗，有"诗魔"和"诗王"之称。白居易官至翰林学士、左赞善大夫。公元846年，白居易在洛阳逝世，葬于香山，有《白氏长庆集》传世，代表诗作有《长恨歌》《卖炭翁》《琵琶行》等。

［1］妻孥：意思是妻子和子女的统称。

放 鹤 亭 记

〔宋〕苏轼

熙宁十年[1]秋，彭城[2]大水。云龙山人张君之草堂[3]，水及其半扉[4]。明年[5]春，水落，迁于故居之东，东山之麓（lù）[6]。升高而望，得异境焉，作亭于其上。彭城之山，冈岭[7]四合，隐然如大环，独缺其西一面，而山人之亭，适当其缺。春夏之交，草木际天；秋冬雪月，千里一色；风雨晦明[8]之间，俯仰百变。

山人有二鹤，甚驯而善飞，旦则望西山之缺而放焉，纵其所如，或立于陂（bēi）田[9]，或翔于云表；暮则傃（sù）[10]东山而归。故名之曰"放鹤亭"。

郡守苏轼，时从宾佐僚吏往见山人，饮酒于斯亭而乐之。挹（yì）[11]山人而告之曰："子知隐居之乐乎？虽南面之君，未可与易也。《易》曰：'鸣鹤在阴，其子和之。'《诗》曰：'鹤鸣于九皋，声闻于天。'盖其为物，清远闲放，超然于尘埃之外，故《易》《诗》人以比贤人君子。隐德之士，狎（xiá）[12]而玩之，宜若有益而无损者；然卫懿（yì）公好鹤则亡其国。周公作《酒诰（gào）》，卫武公作《抑戒》，以为荒惑败乱，无若酒者；而刘伶、阮籍[13]之徒，以此全其真而名后世。嗟夫！南面之君，虽清远闲放如鹤者，犹不得好，好之则亡其国；而山林遁（dùn）世之士，虽荒惑败乱如酒者，犹不能为害，而况于鹤乎？由此观之，其

为乐未可以同日而语也。"

山人忻然而笑曰："有是哉！"乃作放鹤、招鹤之歌曰：鹤飞去兮西山之缺，高翔而下览兮择所适。翻然[14]敛翼，宛将集兮，忽何所见，矫然而复击。独终日于涧谷之间兮，啄苍苔而履白石。鹤归来兮，东山之阴。其下有人兮，黄冠草屦（jù），葛（gé）衣[15]而鼓琴。躬耕而食兮，其馀以汝饱。归来归来兮，西山不可以久留。

元丰元年十一月初八日记《放鹤亭记》。

[注]苏轼（1037—1101年），北宋文学家、书画家、美食家，字子瞻，号东坡居士，与欧阳修并称"欧苏"，为"唐宋八大家"之一；诗清新豪健，善用夸张、比喻，艺术表现独具风格，与黄庭坚并称"苏黄"；词开豪放一派，对后世有巨大影响，与辛弃疾并称"苏辛"。

这篇记有明显的出世思想。文章指出，好鹤与纵酒这两种嗜好，君主可以因之败乱亡国，隐士却可以因之怡情全真。作者想以此说明：南面为君不如隐居之乐。这反映了作者在政治斗争失败后的消极情绪。

[1]熙宁十年：公元1077年。熙宁为宋神宗年号。

[2]彭城：今江苏徐州市。北宋徐州治所所在地。

[3]草堂：茅草盖的堂屋。旧时文人常以"草堂"名其所居，以标风操之高雅。

[4]扉：门。

[5]明年：第二年。

[6]麓：山脚。

[7]冈岭：山冈和山岭。

[8]晦明：昏暗和明朗。

[9]陂田：水边的田地。

[10]傃：向，向着，沿着。

[11]挹：通"揖"，作揖。

[12]狎：亲近。

[13]刘伶、阮籍：魏晋"竹林七贤"中人。
皆沉醉于酒，不与世事，以全身远害。

[14]翻然：指鹤转身敛翅，恍惚将要止歇。

[15]葛衣：用葛布制成的夏衣。

◎ 鹤之健美

　　鹤，个体高大、羽毛洁白、声音高亢、舞姿柔雅、飞翔高远。鹤的形象美为许多文人所描摹咏叹。陆云《鸣鹤诗序》曰："鸣鹤，美君子也。"陶渊明有诗云："云鹤有奇翼，八表须臾还。"李峤用"翱翔一万里，来去几千年"赞叹鹤矫健的动态美。在中国古代文人看来，鹤的美不是纤弱的病态美，而是充满了超凡神力的健美，它表达了人们对力与美的赞颂和追求，是人们反对羁绊、反对凝滞、奋发向上的形象代表，是人类自我意识的觉醒和力的迸发，是青春活力的颂歌。

尉涧松　鹤系列之二（97厘米×83厘米）

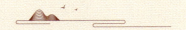

❸ 鹤的美学表现场景

鹤文化不仅源远流长，而且博大精深。在漫长的历史积淀中，鹤文化广泛渗透于宗教、哲学、文学、艺术及日常生活的各个方面。鹤的美好形象，不仅存在于神话、诗文、绘画、书法、造型艺术中，还广泛存在于人们的衣、食、住、行中。鹤，承载着丰富的文化记忆，包蕴着深刻的文化内涵，已成为一种精神符号，在中华文化中留下独特的印迹。

在民间工艺中，鹤是被广泛应用的元素。在服装刺绣、布匹蜡染等针织品图案中，在木雕、砖雕、石雕等建筑雕刻中，在根雕、铜塑等工艺品中，在剪纸、皮影等民间艺术中，鹤都被用来表现长寿、祥和的主题。

◎ 文学中的鹤

从西周到清代，共有120多位文人，写作关于咏鹤、赞鹤、别鹤、悼鹤等的作品计160多篇（首）。

鹤文学作品内容丰富，大致可以分为五个方面：一是感怀身世，借鹤的离散和羁绊，寄托离愁别绪和志向难酬的郁郁之苦，如曹植《白鹤赋》、鲍照《舞鹤赋》等都流露出怀济世之才而不遇、深感人生之旅坎坷的哀伤；二是愤世嫉俗，感叹世道衰微，不愿与世俗合流，如陆龟蒙《鹤媒歌》、徐渭《雨舟载鹤诗》、蒲松龄《鹤轩笔札》等；三是感叹国家的兴亡，如庾信于梁亡后，羁留北国，借鹤以抒魂萦梦绕的乡关之情，元好问感故国之亡，借鹤作怀金之叹。四是歌功颂德，如路乔如的《鹤赋》等歌颂清平盛世之作；五是寄托高洁、奋发

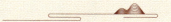

和闲逸之怀，如白居易《感鹤》、褚载《鹤》、苏轼《放鹤亭记》等，其中表现出的是高洁、奋发和追求身心内外平衡的风流旷达。

阅读这些诗文，犹如鸟瞰历史长河中不断流散变幻的时代风云，让人发思古之幽情，感世事沧桑、人生苦短，也会对生命的意义和存在的价值产生深刻的思考。但是，勇于面对现实的强者，一定不是沉溺一己之悲愁，而是如《放鹤亭记》中所言，"高翔而下览兮择所适"。这也是中国文人历来所追求的"人生至道"。

扩展阅读

鹤 赋

〔汉〕路乔如

白鸟朱冠，鼓翼池干。

举修距[1]而跃跃，奋皓翅之鹾鹾（zhǎn）。

宛修颈而顾步，啄沙碛（qì）而相欢。

岂忘赤霄之上，忽池籞（yù）而盘桓。

饮清流而不举，食稻粱而未安。

故知野禽野性，未脱笼樊。

赖吾王之广爱，虽禽鸟兮抱恩。

方腾骧（xiāng）[2]而鸣舞，凭朱槛而为欢。

[注] 路乔如，汉景帝（前156—前143年）时文人。此赋系应景帝（刘启）弟梁孝王（刘武）之请，游于忘忧之馆而作，与枚乘的《柳赋》等，称为时豪七赋。

[1] 修距：长；距：禽类（足石）后突出像脚趾的部分。

[2] 骧：原意指马首昂举，引申为上举。

白鹤赋

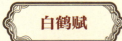

〔汉〕王粲（cán）

白翎禀灵龟之修寿，资仪凤之纯精。

接王乔[1]于汤（yáng）[2]谷，驾赤松[3]于扶桑[4]。

餐灵岳之琼药，吸云表之露浆。

［注］王粲（177—217年），字仲宣，东汉末年文学家，"建安七子"之首。其诗赋重辞气慷慨，亦讲求
骈俪华彩，深刻地反映出汉末那个时代的离乱。此赋借咏鹤暗喻自身高洁的情怀。
在文学上，王粲与孔融、徐幹、陈琳、阮瑀、应场、刘桢并称"建安七子"。
梁朝大文学评论家刘勰在《文心雕龙·才略》中赞誉王粲为"七子之冠冕"。

［1］王乔：指周灵王太子王子乔。见旧题汉刘向《列仙传》卷上《王子乔》中"王乔跨鹤"的典故。

［2］汤（yáng）：日出。汤谷，古代传说中的日出地。

［3］赤松：亦称赤松子，传说中神农时的雨神。

［4］扶桑：神话中的树木，引申为仙境。

失　题

〔三国〕曹植

双鹤俱遨游，相失东海傍。雄飞窜北朔[1]，雌惊赴南湘。

弃我交颈欢[2]，离别各异方。不惜万里道，但恐天网张。

---

［1］北朔：北方。

［2］交颈欢：鹤类以交颈的姿态表示爱悦。

白鹤赋

〔三国〕曹植

嗟皓丽之素鸟兮，含奇气之淑[1]祥。薄[2]幽林以屏[3]处兮，荫重景之余光。狭单巢于弱条兮，惧冲风之难当。无沙棠[4]之逸志兮，欣六翮（hé）之不伤。承邂逅之侥幸兮，得接翼于鸾凰[5]。同毛衣之气类兮，信休息之同行。痛美会之中绝兮，遘（gòu）严灾而逢殃。共太息而祗[6]（zhī）惧兮，抑吞声而不扬。伤本规[7]之违忤（wǔ）[8]，怅离群而独处。恒窜伏以穷栖，独哀鸣而戢（jí）[9]羽。冀大纲之难结，得奋翅而远游。聆雅琴之清韵，记六翮之末流[10]。

[注]曹植（192—232年），曹操之子，东汉末三国杰出的代表诗人。曹植在建安诗坛上取得比较高的成就，创作了广为人知的《七步诗》。他的创作以220年为界，分前后两期。前期诗歌主要是歌唱他的理想和抱负，洋溢着乐观、浪漫的情调，对前途充满信心；后期诗歌因为生活的突变而导致诗风的转变，从以前轻松乐观、浪漫向上的情调改变为忧虑、悲愤、抑郁和痛苦。他的诗歌，既体现了《诗经》"哀而不伤"的庄雅，又蕴含着《楚辞》窈窕深邃的奇谲；既继承了汉乐府反映现实的笔力，又保留了《古诗十九首》温丽悲远的情调。他在汉乐府古诗的基础上，对五言诗的发展作出了重要贡献，完成了乐府民歌向文人诗的转变。除诗歌创作外，曹植的散文和辞赋写作也取得了很大的成就。

[1]淑：善良、美好。

[2]薄：附着、靠近。

[3]屏：障蔽物。

[4]沙棠：《山海经·西山经》上描述的生长在昆仑之丘的一种树木。

[5]鸾凰：传说中的神鸟。五采而文，雄为凤，雌为凰。此处极言鹤的高贵，或有自喻之意。

[6]祗：恭敬。

[7]本规：原来的规矩。

[8]忤：违逆。

[9]戢：收藏。

[10]末流：河之下游。亦喻事势后来的发展。

舞鹤赋

〔南北朝〕鲍照

散幽经[1]以验物，伟胎化之仙禽。钟[2]浮旷[3]之藻质[4]，抱清迥之明心。指蓬壶[5]而翻翰[6]，望昆阆[7]而扬音。潜（shān）日域[8]以回鹜（wù）[9]，穷天步而高寻。践神区[10]其既远，积灵祀（sì）[11]而方多。精[12]含丹而星曜（yào）[13]，顶凝紫而烟华。引员吭[14]之纤婉，顿修趾[15]之洪姱（kuā）[16]。叠[17]霜毛而弄影，振玉羽而临霞。朝戏于芝田，夕饮乎瑶池[18]。厌江海而游泽，掩云罗[19]而见羁。去帝乡[20]之岑寂，归人寰之喧卑[21]。岁峥嵘[22]而愁暮，心惆怅而哀离。

于是穷阴[23]杀节[24]，急景凋年[25]。骫（wěi）[26]沙振野，箕风[27]动天。严严苦雾，皎皎悲泉。冰塞长河，雪满群山。既而氛昏夜歇，景物澄廓。星翻汉[28]回，晓月将落。感寒鸡之早晨，怜霜雁之违[29]漠。临惊风之萧条，对流光之照灼。唳清响于丹墀（chí）[30]，舞飞容于金阁[31]。始连轩[32]以凤跄[33]（qiàng），终宛转而龙跃。踯躅（zhízhú）[34]徘徊，振迅腾摧[35]。惊身[36]蓬集[37]，矫翅雪飞。离纲[38]别赴，合绪[39]相依。将兴中止，若往而归。飒沓[40]矜顾[41]，迁延[42]迟暮。逸翮[43]后尘，翱翥（zhù）[44]先路。指会[45]规翔，临岐矩步。态有遗妍[46]，貌无停趣[47]。奔机逗节，角睐[48]分形。长扬缓骛，并翼连声[49]。轻迹凌乱，浮影交横。众变繁姿，参差[50]洊（jiàn）[51]密。烟交雾凝，若无毛质。风去雨还[52]，不可谈悉。既散魂而荡目[53]，迷不知其所之。忽星离

〔注〕鲍照（约414—466年），南朝宋文学家。他的诗体裁多样，其七言和杂言乐府在七言诗史上影响深远，开创了七言体用韵的自然方式，其作品有很强的现实意义。在文学创作方面，鲍照有力地推动了中国古典诗歌的发展。《舞鹤赋》借对鹤的形、神、舞态的传神描述，寄托着一个怀才不遇之士的耿耿情怀，从一个方面反映了社会的黑暗。全赋语言灵活多变，情节跌宕起伏，通过艺术的想象和夸张创作出了优美动人的艺术形象和高远的意境。

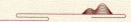

而云罢，整神容而自持^[54]。仰天居之崇绝^[55]，更惆怅以惊思。

当是时也，燕姬^[56]色沮，巴童^[57]心耻。巾拂^[58]两停，丸剑^[59]双止。虽邯郸其敢伦，岂阳阿^[60]之能拟。入卫国而乘轩^[61]，出吴都^[62]而倾市。守驯养于千龄，结长悲于万里。

---

[1] 幽经：指《相鹤经》。

[2] 钟：集聚。

[3] 浮旷：飘逸。

[4] 藻质：美的素质或气质。

[5] 蓬壶：传说为海中的仙山，即蓬莱，形如壶器。

[6] 翰：长而硬的羽毛。翻翰，高飞。

[7] 昆阆：传说中昆仑山的阆风巅，为仙境。

[8] 潜日域：围绕日出地。

[9] 骛：马交驰，引申为迅急。

[10] 践神区：身至仙境。

[11] 灵祀：神灵的寿命，指鹤的寿命。

[12] 精：瞳仁。

[13] 曜：明亮。

[14] 员吭：员，通"圆"；圆润的喉咙。

[15] 修趾：长足。

[16] 洪姱：高大美好。

[17] 叠：整理。

[18] 瑶池：古代神话中西王母所居地。

[19] 云罗：设于高空的罗网。

[20] 帝乡：仙境。

[21] 喧卑：喧闹的下界、人间。

[22] 峥嵘：不寻常，特殊。

[23] 穷阴：将尽的冬季。

[24] 杀节：充满肃杀之气的季节。

[25] 凋年：衰败、万物零落的岁暮、寒冬。

[26] 骫：通"委"，曲、枉。

[27] 箕风：箕，二十八宿之一。古代有箕星好风之说，故称风为箕风。

[28] 汉：银河。

[29] 违：离。

[30] 丹墀：墀，台阶。丹墀，红色的台阶。

[31] 金阁：装饰豪华的一种建筑物。

[32] 连轩：鹤起舞时的并行跳跃动作。

[33] 凤跧：形容如凤凰的步趋一样有节奏。

[34] 踯躅：不进。

[35] 腾摧：腾，奔腾、腾起。摧：猛冲。

[36] 惊身：言体态的轻盈。

[37] 蓬集：蓬，草名，又名飞蓬。蓬集，言如飞蓬草一样集在一起。

[38] 纲：鹤群舞的行列。

[39] 绪：意同纲，行列。

[40] 飒沓：众盛的样子，此处指群集或群飞。

[41] 矜顾：矜持庄重的注视。

[42] 迁延：缓缓后退。

[43] 逸翮：张翮（翅）助跑。逸，奔。

[44] 翔翥：举翅旋飞。翥：（鸟）向上飞。

[45] 会：路的汇合处。

[46] 遗妍：言妍美之极。

[47] 无停趣：言鹤舞动作的美而连续。

[48] 角睐：眼珠向眼角相视、旁视。

[49] 连声：和鸣。

[50] 参差：指鹤对舞时的高位动作和低位动作对应出现。

[51] 浒：一次又一次的重复。

[52] 风去雨还：皆形容其快。

[53] 荡目：言眼球来回转动。

[54] 自持：有矜持、珍重之意。

[55] 崇绝：极高。

[56] 燕姬：燕地的美女。

[57] 巴童：善舞"巴渝舞"的童子。巴渝舞是汉代西南少数民族舞蹈，舞态英武。

[58] 巾拂：以"巾"和"拂"为舞具的舞名。

[59] 丸剑：以铃、剑（刀）为道具的杂技名。

[60] 阳阿：古代舞曲名。

[61] 轩：大夫车。乘轩，指鹤乘车。

[62] 出吴都：典出《吴越春秋》。吴王阖闾之女死后，王令舞白鹤于吴市。

雨舟载鹤诗

〔明〕徐渭

买鹤载归去，况逢风雨天。

客装兼有此，江影两潇然。

湿重毸^{suī}[1]孤雪，波长立暮烟。

园池宁有此，漠漠迥^{jiǒng}堪怜。

[注] 徐渭（1521—1593年），浙江绍兴府山阴县人，号青藤老人。中国明代中期文学家、书画家、戏曲家、军事家。徐渭多才多艺，在诗文、戏剧、书画等各方面都独树一帜，与解缙、杨慎并称"明代三才子"。其画以花卉最为出色，开创了一代画风，对后世的八大山人、石涛、扬州八怪等影响极大，有中国"泼墨大写意画派"创始人、"青藤画派"之鼻祖的称誉；书法上善行草，兼工诗文，被誉为"有明一人""无之而不奇"；能操琴，谙音律；爱戏曲，所著《南词叙录》为中国第一部关于南戏的理论专著。

[1] 毸：鸟张开羽翅的样子。

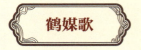

鹤媒歌

〔唐〕陆龟蒙

偶系渔舟[1]汀树枝，因看射鸟令人悲。盘空野鹤忽然下，背翳（yì）[2]见媒心不疑。媒闲静立如无事，清唳（lì）[3]时时入遥吹。裴回[4]（péi huí）未忍过南塘，且应同声就同类。梳翎（shū líng）[5]宛若相逢喜，只怕才来又惊起。窥鳞啄藻乍低昂，立定当胸流一矢。媒欢舞跃势离披，似谄功能邀弩（nǔ）[6]儿。云飞水宿各自物，妒侣害群[7]犹尔为。而况世间有名利，外头笑语中猜忌。君不见荒陂野鹤陷良媒，同类同声真可畏。

[注]陆龟蒙（？—约881年），唐代农学家、文学家，字鲁望，别号天随子、江湖散人、甫里先生，江苏吴县人。他的小品文主要收在《笠泽丛书》中，现实针对性强，议论也颇精切。陆龟蒙与皮日休交友，世称"皮陆"，诗以写景咏物为多。

[1] 渔舟：渔船。
[2] 翳：隐藏。
[3] 清唳：鹤鸣声。
[4] 裴回：彷徨。徘徊不进貌。
[5] 梳翎：指鸟类梳理自身羽毛。
[6] 弩：用机械力量发射的硬弓。
[7] 害群：指危害公众的人。

鹤

〔唐〕李九龄

天上瑶池[1]覆五云，玉麟金凤好为群。
不须更饮人间水，直是清流也汙君。

[注]李九龄生卒年不详。洛阳（今河南洛阳）人。唐末进士。整首诗以对人间和超凡境界的反思为主题，凸显了诗人内心的矛盾和痛苦。
[1] 瑶池：古代传说中昆仑山上的池名，西王母所居。

鹤

〔唐〕褚载

欲洗霜翎下涧边，却嫌菱刺污香泉。

沙鸥浦雁应惊讶，一举扶摇直上天。

［注］褚载，字厚之，是初唐名臣、大书法家褚遂良的九世孙，生活在晚唐时期。杭州人奉为丝织鼻祖的"机神"，清代《康熙杭州府志》记载："忠清里有通圣庙，即宋琼花园也。神为遂良九世孙，讳载，性行端洁，学问宏博，先家广陵，传授绫锦法，归寓故里，业益精。迄今里人善织绫锦，自神始也。"

寿马裕斋观文·右有鹤

〔宋〕陈著

有鹤在林，怀之好音。

载飞载止，食野之芩。
（qín）

［注］陈著（1214—1297年），字谦之，一字子微，号本堂，宋朝鄞县（今浙江宁波）人，宋末元初诗人。陈著的文学成就和生平事迹在《宋太傅陈本堂先生传》中有详细记载，他的生平和作品对研究宋末元初的文学和文化有着重要的价值。

◎ 书画中的鹤

　　鹤是中国书画的重要题材。中国的鹤主题绘画，大体上经历了从仙鹤图到六（鹿）鹤图、松鹤图、逸鹤图（琴鹤图）、群鹤图的过程。但这并非完全是按

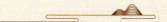

时序的排列，其间往往交错重叠。仙鹤图出现最早，有2000多年的历史，代表作有马王堆汉墓中出土的T字形西汉帛画、南宋绣线《瑶台跨鹤图》等。六鹤图和瑞鹤图，都是表现喜庆主题的鹤画。五代西蜀黄筌的六鹤壁画，是为皇家婚事而画，宋徽宗赵佶的《瑞鹤图》描绘群鹤之瑞兆。这类作品有的还加入了鹿、麟、灵芝等，增添祥瑞氛围。鹤与松结缘屡见于唐诗，宋代即有松鹤吉祥图案，明代画品中松鹤连画的颇多，以写意派大家林良的《松鹤图》较知名。清代此类题材的画不胜枚举。逸鹤图往往表现清高气节和脱俗情怀，如黄慎的《赵公琴鹤图》等。群鹤图中，明代边景昭的《百鹤图》长卷堪称代表。近几十年中，该题材的鹤画有较大发展，人们用姿态各异的群鹤表现热烈喜庆的场面。

◎ 工艺品中的鹤

我国是丝绸的故乡，而丝绸的主要用途之一是穿着。服饰上常见在丝绸上织出鹤的图像。目前可见最早的有鹤形象的丝绸制品为长沙马王堆汉墓出土的双鹤菱格纹锦。此外，元代有棕色罗刺绣花鸟纹夹衫中的双鹤。明代有云鹤妆花纱，色彩鲜明，鹤为丹顶，云彩呈红、黄、蓝诸色。还有鹤寿纹锦（见明刊《大藏经》封面）、云鹤纹缂丝等。清代有鹤鹿同春妆花缎（故宫博物院藏），缎面有一双翔鸣于松树之上的丹顶鹤，下方尚有双鹿；另有绣着群鹤的刺绣，工艺精美。至今，鹤的形象在著名的湘绣、苏绣、顾绣中均屡见不鲜。

在诸多关于鹤的丝绸制品中，现存于辽宁省博物馆的南宋绣线《瑶台跨鹤图》颇为著名。画面上一人跨鹤翩翩飞来。人物仅高寸许，但眉目清晰，山水楼台，俨然一派升平景象。这也反映了处于战乱的宋代，人们对国土分裂、战事频发的厌倦和对太平盛世的祈求。藏于纽约库珀·休依特国立设计博物馆的明代云鹤纹缂丝，打破了万历以来程式化的结合模式，在如流水的行云之上，织出一双双翱翔自若的仙鹤，给人以动态中的安谧之美。

宋 绣线《瑶台跨鹤图》

　　这幅名为《瑶台跨鹤图》的宋绣作品，以其精湛的采线绣技艺，生动地展现了仙人跨鹤飞翔的神话场景。绣品细节精致，色彩搭配和谐，尤其是人物的眉目清晰，展现了绣工的精细。此作品不仅在艺术上具有重要价值，其绣法与辽墓出土绣品相似，显示了其历史渊源。这幅绣品曾为明清时期著名收藏家所珍视，并被《存素堂丝绣录》记载，现收藏于辽宁省博物馆。

绣线《瑶台跨鹤图》

　　在艺术雕刻方面，商朝都殷墟王妃"妇好墓"中出土的玉制鹤葬品，是目前所知最早的鹤主题艺术雕刻作品。雕琢成于清乾隆五十一年的玉雕《会昌九老图》也是有关鹤的雕刻，表现的是唐会昌五年，白居易等九老宴游于洛阳香山的故事。作为古镜背面的图案题材，鹤也跻身其中，洛阳唐墓出土的螺甸古镜是个例证。

建筑雕刻上到皇家宫殿、陵墓，下到百姓住宅、庭院，鹤的形象无处不在。砖雕一般用在围墙影壁上，木雕一般多用在门楣隔断上，石雕多在墙围的浮雕中。鹤主题的建筑雕刻在明清建筑中比比皆是。在"世界文化遗产地"明清民居安徽西递、宏村中，在清末民初的山西富贾大院里，到处可见鹤形象的精美雕刻。

"妇好墓"中出土的鹤形玉佩

飞鹤牡丹纹錾花银盂

洛阳唐墓螺甸古镜

扩展阅读

瓦当（汉代）

鹤朝阳（瓦当）

馆藏点：西安秦砖汉瓦博物馆

出土时期及出土点：西安市汉长安城遗址出土。

直径15.5厘米。此瓦当当面有三只相同的鹤纹，围绕乳钉作多面均齐排列。因侧视，每鹤各有一爪，但头部无冠。因此也被称为"三雁纹"或"三鹤纹"。这一纹样以线面结合塑造凤形，留白匀称，尾部和腿部的曲线流畅，有较强的律动感。

房屋滴水上的鹤纹图

仙鹤（画像石）

行鹤（画像石）

画像石（汉代）

　　所谓汉画像石，实际上是汉代地下墓室、墓地祠堂、墓阙和庙阙等建筑上雕刻画像的建筑构石。汉代记载的鹤不仅知时而鸣、叫声嘹亮，其作为符瑞、吉兆的象征，让鹤形象更加贴近日常生活，成为必不可少的祥瑞题材，所以出土的汉代文物中有非常丰富的鹤形象出现。鹤图像广泛存在于画像石、画像砖、墓室壁画、帛画、瓦当、铜镜等不同材质的载体上，以雕刻和绘画为主要表现形式。西汉中后期，鹤形象大量出现，特别是西汉晚期，画像石中出现了数量可观的鹤图像，是汉画像石墓中重要的装饰题材，内容丰富，以鹤衔鱼和阙顶立鹤题材较为常见。画像石中鹤的象征意义主要有五大类，分别为墓主人到达仙界的标志、升仙工具、表现墓主人的高雅情志和贤达美德、长生不老、祥瑞辟邪。

画像砖纹图

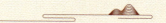

◎ 武术、舞蹈中的鹤

　　人们还从优美而矫健的鹤形象上得到了健身、长寿的启示，模仿鹤种种动作和神情的健身拳术和气功由此产生。

　　早在1800多年前，东汉名医华佗创编了成套的五禽戏，即虎、鹿、熊、猿、鹤，其中的鹤势即模仿鹤的飞翔姿势。我国太极拳中也多有模仿鹤的姿态的健身术，如鹤式、鹤翔庄、鹤拳等。其中，鹤拳模仿鹤的姿态，刚柔相济，两臂弹抖，以气引力。鹤拳又分宗鹤、飞鹤、鸣鹤、食鹤等拳套。鹤翔庄，模仿的是鹤安闲、优美而矫健的动作。太极拳中也有"白鹤亮翅"的动作。这些健身拳术和气功，从

五禽戏之鹤拳

飞鹤纹图

立鹤纹图

青铜器上的立鹤纹图

踩高跷

某种意义上说，与道教的内心摄养相似。其要法是效法鹤的神情姿态，以令人心平气和，起到强身健体的作用。这些健身术，都讲究意念、姿势、呼吸的训练和调整。

中国的鹤文化在舞蹈中也有体现。鹤与舞蹈结缘，是鸟图腾崇拜的产物。原始社会，一些以鹤为图腾的氏族，模仿鹤的长腿，截木续足，高立而起，舞之蹈之。当今流行的高跷，应该是鹤图腾氏族舞蹈的遗迹传承。据历史学家考证，尧舜时代以鹤为图腾的丹朱氏族，他们在祭礼中要踩着高跷拟鹤跳舞。考古学家认为，甲骨文中有一字可以解释为"像一个人双脚蹈矩棍而舞"，如果得以成立，至少在商代后期，民间这种独特的踩高跷舞蹈形式就已经问世。浙江青田民间舞蹈中至今仍有"跳仙鹤""百鸟灯"等。

鸟衔鱼陶盆纹图

鸟衔鱼陶盘旋转纹图

鸟衔鱼画像石

◎ 千纸鹤

鹤文化不仅在中国影响深远，在东亚地区乃至世界也颇具影响力。

朝鲜民族和日本大和民族都十分爱鹤，且有悠久的鹤文化。日本称鹤为圣鸟、寿鸟、瑞鸟、神鸟，其工艺品往往作为珍贵的礼物。公元七八世纪的日本文学作品中，就有描写鹤的诗篇。民间至今还有鹤的故事和传说。例如说鹤寿可达千岁，有病的人如能叠一千只纸鹤，就能痊愈。一部以反战、祈求和平为主题的电影《一千只纸鹤》，曾风行于日本。朝鲜民族视鹤为吉祥幸福的象征，在日常生活中，到处有其踪影。特别是作为女性服装的绣饰，典雅清新，别具风韵。

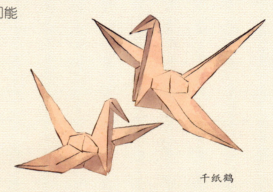

千纸鹤

苏绣松鹤图纹

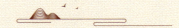

◎ 含鹤的成语

千岁鹤归	指对故乡的眷恋之情。
鸾音鹤信	比喻仙界的音信。
梅妻鹤子	以梅为妻,以鹤为子。比喻清高或隐居。宋代林逋(bū)隐居西湖孤山, 植梅养鹤,终生不娶,人谓"梅妻鹤子"。
鸣鹤之应	比喻诚笃之心相互应和。
鹤鸣九皋	鹤鸣于湖泽的深处,它的声音很远都能听见。比喻贤士身隐名著。
鹤鸣之士	指有才德声望的隐士。
鹤势螂形	指腰肢纤袅,体态轻盈。
鹤骨松姿	清奇不凡的气质。多指修道者的形貌。
凤鸣鹤唳	形容优美的声音。
延颈鹤望	像鹤一样伸长颈子盼望。比喻盼望心切。
闲云野鹤	漂浮的云,野生的鹤。旧指生活闲散、脱离世事的人。
闲云孤鹤	比喻无拘无束、来去自如的人。
云心鹤眼	比喻高远的处世态度。
云中白鹤	像云彩中的白鹤一般。比喻志行高洁的人。
鸿俦^{chóu}鹤侣	鸿、鹤皆为群居高飞之鸟,因用于比喻高洁、杰出之辈。
鹤发童颜	仙鹤羽毛般雪白的头发,儿童般红润的面色。形容老年人气色好。
朱颜鹤发	红润的脸和像鹤的羽毛一样白皙的头发。形容老年人精神焕发的样子。

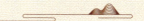

骀背鹤发 ^{tái}　形容年老高寿。

鹤发松姿　白色的头发，松树的姿态。形容人虽老犹健。

鹤立鸡群　像鹤站在鸡群中一样。比喻一个人的仪表或才能在周围一群人里显得很突出。

龟年鹤寿　相传龟、鹤寿有千百之数，而用于比喻人之长寿，或用作祝寿之词。同"龟龄鹤算"。

骖鸾驭鹤 ^{cān}　驾驭鸾凤仙鹤。比喻成仙。

鹤寿松龄　一种中国传统吉祥纹样。古人以鹤为仙禽，寿长。松，其树长生，其叶长绿。表现对长寿高龄的祝颂。

支公放鹤　指《世说新语》中所载支道林放鹤一事。用以表现纵情适性的情怀。

龟龄鹤算　比喻人之长寿。或用作祝寿之词。同"龟年鹤寿"。

鹤寿千年　传说鹤的寿命很长，能活千年。因用作祝寿之辞。

猿鹤沙虫　意思是阵亡的将士或死于战乱的人民。《艺文类聚》卷九十引晋葛洪《抱朴子》"周穆王南征，一军尽化，君子为猿为鹤，小人为虫为沙。"

❹ 古人的相鹤与驯养技术

我国的养鹤驯鹤史，从卫懿公至今已有2000多年。古人由于受时代现状和科学技术水平的限制，对鹤类虽曾有过某些误解，但是在鹤的形态、种类、分布、相貌、饲养、驯化等方面，都积累了不少经验。它所提供的大量史料，对我们保护、研究、利用鹤类，研讨人文、历史等方面知识，都有重要的参考价值。

古人爱鹤养鹤，自然希望得到优良的鹤种。可是鹤的优劣，是个十分复杂的问题，特别在分类知识不十分丰富的古代更甚。记载相鹤经验的书，自南北朝至宋代，主要有任昉的《述异记》、李善在《文选》中所引的《相鹤经》、鲍照的《舞鹤赋》、王安石所修的《浮丘公相鹤经》及陆佃的《埤雅》。

扩展阅读

相鹤诀

〔宋〕林洪

鹤不难相，人必清于鹤，而后可以相鹤矣。夫顶丹颈碧，毛羽莹洁，颈纤而修，身耸而正，足瘦而节高，颇类不食烟火，人乃可谓之鹤。望之，如雁鹜鹅鹳然，斯为下矣。养以屋必近水竹，给以料必备鱼稻，蓄以笼饲以熟食，则尘浊而乏精采，岂鹤俗也，人俗之耳。欲教以舞，俟其馁而置食于阔远处，拊掌诱之，则奋翼而唳若舞状。久则闻拊掌而必起，此食化也，岂若仙家和气自然之感召哉。今仙种恐未易得，唯华亭种差强耳。

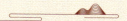

相鹤经

《鹤经》曰："鹤，阳鸟也。因金气，依火精。火数七，金数九。故十六年小变，六十年大变，千六百年，形定而色白。"又云："二年落子毛，易黑点。三年头赤，七年飞薄云汉。又七年，学舞。复七年应节，昼夜十二鸣。六十年，大毛落，茸毛生，色雪白，泥水不能污。百六十年，雄雌相见，目精不转，孕。千六百年，饮而不食。食于水，故其喙长。轩于前，故后趾短；栖于陆，故足高而尾凋；翔于云，故毛丰而肉疏。行必依洲屿，止必集林木。盖羽族之宗长，仙人之骐骥也。隆鼻短口则少眼；高脚疏节则多力；露眼赤睛则视远；头锐身短则喜鸣；回翎亚膺则体轻；凤翼雀尾则善飞；龟背鳖腹则能产；轩前垂后则善舞。洪髀纤趾则能行。

鹤者，阳鸟也，而游于阴，因金气依火精以自养。金数九，火数七，故禀其纯阳也。生二年，子毛落而黑毛易。三年，顶赤，为羽翮。其七年小变，而飞薄云汉。复七年，声应节，而昼夜十二时鸣。鸣则中律。百六十年大变，而不食生物。故大毛落而茸毛生，乃洁白如雪，故泥水不能污。或即纯黑，而缁尽成膏矣。复百六十年，变止，而雌雄相视，目睛不转，则有孕。千六百年，形定，饮而不食，与鸾凤同群，胎化而产，为仙人之骐骥矣。夫声闻于天，故顶赤；食于水，故喙长；轩于前，故后指短；栖于陆，故足高而尾周；翔于云，故毛丰而肉疏。且大喉以吐故，修颈以纳新，故天寿不可量。所以体无青黄二色者，土木之气内养，故不表于外也。是以行必依洲屿，止不集林木，盖羽族之清崇者也。王策纪曰：千载之鹤，随时而鸣。能翔于霄汉。其未千载者，终不及于汉也。其相曰：瘦头朱顶则冲霄，露眼黑睛则视远，隆鼻短啄则少瞑，鞋颊宅耳则知时，长颈竦身则能鸣，鸿翅鸽膺则体轻，凤翼雀尾则善飞，龟背鳖腹则伏产，轩前垂后则能舞，高胫粗节则足力，洪髀纤指则好翘。圣人在位，则与凤凰翔于郊甸。

其经一通，乃浮丘伯授王子晋之书也。崔文子学道于子晋，得其文，藏嵩山石室中。淮南八公采药得之，遂传于世。

淮南八公相鹤经

鹤,阳鸟也,因金气依火精以自养。金数九,火数七。七年小变,十六年大变,百六十年变止,千六百年形定。体尚洁,故色白。声闻天,故头赤。食于水,故喙长。轩于前,故后指短。栖于陆,故足高而尾凋。

翔于云,故毛丰而肉疏。大喉以吐故,修头(颈)以纳新,故寿不可量。所以体无青黄二色者,木土之气内养,故不表于外。(是以行必依洲渚,止不集林木。盖羽族之宗长,仙人之骐骥也。)鹤之上相,瘦头朱顶,露眼玄(黑)睛,高鼻短喙,骷(kuí)额(kē)[1]舴(zé)[2]耳,长颈促(竦)身,燕(鸢)膺凤翼(王修本多"雀尾"二字),龟背鳖腹,轩前垂后,高胫粗节,洪髀(bǐ)[3]纤指,此相之备者也。鸣则闻于天,飞则一举千里。二年落,子毛,易黑点,三年产伏,复七年羽翮具,复七年飞薄云汉,复七年舞应节,复七年昼夜十二时鸣中律。复"百六"(王修本无"百六"两字)十年不食生物,"腹"大毛落,茸毛生,雪白或纯黑,泥水不污。复百六十年雄雌相视,目睛不转而孕。千六百年后,饮而不食,(胎化产),鸢凤同为群。圣人在位,则与凤皇翔于甸。

---

[1] 骷额:六畜头中骨为骷;额,下巴,引申作尖削意。骷额即头中骨突起,两颊尖瘦的样子。

[2] 舴耳,耳能转侧。舴转侧。一作舴。

[3] 洪髀:强壮的大腿。髀(比),股部、大腿。

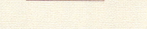

鹤

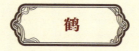

〔明〕王象晋

仙人之骐骥也。一说鹤，皬[1]也，其羽白色，皬皬然也。一名仙客，一名胎仙。阳鸟而游于阴，行必依洲渚，止不集林木，秉金气依、火精以生。有白者，有玄者，有黄者，有苍者，有灰者，总共数色。首至尾长三尺，首至足高三尺余。喙碧绿色，长四寸。丹顶、赤目、赤颊、青脚、修颈、高足、粗膝、凋尾、褊衣、玄裳，颈有黑带。雌雄相随如道士步斗之状，履迹而孕。又曰雄鸣上风，雌鸣下风，声交而孕，岁生数卵。四月，雌雄伏卵，雄往来为卫，见雌起则啄之，见人窥其卵，则啄破而弃之。常以夜半鸣，声唳霄汉，雏鹤，三年顶赤，七年翮具，十年十二时鸣。三十年鸣中律，舞应节。六十年丛毛生，泥不能污。一百六十年，雌雄相视而孕。一千六百年形始定，饮而不食，乃胎生。大喉以吐故，长颈以纳新，能运任脉，无死气于中，故多寿。

一曰鹤为露禽，逢白露降，鸣而相警。即驯养于家者，亦多飞去。相鹤之法：隆鼻、短口则少眠，高脚、疏节则多力，露眼、赤睛则视远，回翎、亚膺则体轻，凤翼、雀尾则善飞，龟背、鳖腹则能产，轻前、重后则善年，洪髀、纤指则能行，羽毛皓洁，举则高至，鸣则远闻。鹤以扬州吕四场者为佳，其声较他产者更觉清亮，举止耸秀，别有一番庄雅之态。别鹤，胫、黑鱼鳞纹，吕四场者，绿色、龟纹，相传为吕仙遗种。

［注］王象晋，明万历三十二年（1604年）进士，历任中书舍人、浙江右布政使、河南按察使。为官不忘农事。他不附权贵，无意仕途，1607~1627年的20年中，大部分时间在原籍山东济南府新城县（今桓合县）从事花卉、果树、蔬菜、草药、松、竹等多种植物的种植。在总结本身和前人经验的基础上，于1621年编撰成40余万字的《群芳谱》。这是一本汇集16世纪以前农学之大成的书。以上二文在该书附录中。

［1］皬（hú）：同"皜"。白色而有光彩。

鹤（《花镜》附录之一）

〔清〕陈淏子

　　鹤，一名仙禽。羽族之长也。有白、有黄、有玄，亦有灰苍色者。但世所尚皆白鹤。其形似鹳而大，足高三尺，轩于前，故后趾短。喙长四寸，尖如钳，故能水食。丹顶赤目，赤颊青爪，修颈凋尾，粗膝纤指，白羽黑翎。行必依洲渚，止必集林木。雌雄相随，如道士步斗，履其迹则孕。又雄鸣上风，雌鸣下风，以声交而孕。尝以夜半鸣，声唳九霄，音闻数里。有时雌雄对舞，翱翔上下，宛转跳跃可观。若欲使其飞舞，固侯（sì）其馁（něi）置食，于莴（diào）远[1]处拊掌诱之，则奋翼而舞。调练久之，则一闻拊掌，必然起舞。性喜啖（dàn）鱼、虾、蛇虺（huī）[2]，养者虽日饲以稻谷，亦须间取鱼、虾鲜物喂之，方能使毛羽润而顶红。其粪能化石，生卵多在四月，雌若伏卵，雄则往来为卫。见雌起必啄之，见人数窥其印，即啄破而弃之。或云："鹳（guàn）生三子，必有一鹤。"所畜之地，须近竹木池沼，方能存久。《相鹤经》云："鹤之尚相，但取标格奇古；隆鼻短口则少眠，高脚疏节则多力，露眼赤睛则视远，回翎亚膺（yīng）则体轻，凤翼雀尾则善飞，龟背鳖腹则善产，轻前重后则善舞，洪髀（bì）纤指则善步。"一云："鹤生三年则顶赤，七年羽翮具，十年二

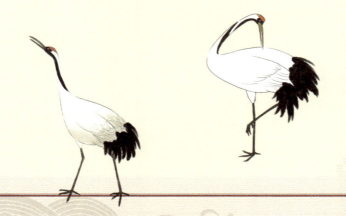

时鸣，三十年鸣中律，舞应节。"又七年大毛落，氄（rǒng）[3]毛生；或白如雪，黑如漆，一百六十年则变止，千六百年则形定，饮而不食，乃胎化也。仙家召鹤，每焚降真香即至。又鹤腿骨为笛，声甚清越，音律更准。昔贤林和靖[4]，养鹤于西湖孤山，名曰鸣皋。每呼之即至。有时和靖出游，有客来访，则家童放鹤凌空。和靖见鹤盘旋天表，知有客至即归，以此为常，遂为千古韵事。其诗云："皋禽[5]名祗（zhī）有前闻，孤影圆吭夜正分；一唳便惊寥泬（xuè）[6]破，亦无闲意到青云。

[注] 陈淏子（约1612—？），是我国园艺方面最早文献《花镜》的作者。陈淏子于明亡之后，不做清朝官吏，在西湖西冷读书、调鹤、种花、艺圃。朝夕体验，并总结古人和当时民间经验，于77岁时，才写成出版了《花镜》这部内容包括各种观赏植物栽培时令、原理、管理方法、品种、利用，并附养禽、普、鱼、昆虫的30多万字的书。本文见该书附录《养禽鸟法·鹤》，行文仅约600字，但对鹤的形态、习性、调教、相鹤术等，都有较科学的记载。

[1] 寫远：深远。寫，深邃的样子。

[2] 虺：毒蛇；毒虫。

[3] 氄：细软绒毛。

[4] 林和靖：即北宋诗人林逋（967—1028年），终身不仕不娶，赏梅爱鹤，时称"梅妻鹤子"。

[5] 皋禽：鹤。因鹤生长在水泽中，故名。祗，恭敬，令人尊敬。

[6] 寥泬：寂静。寥，空旷；泬，同穴。

中华民族五千年的历史中，鹤文化已经成为中国传统文化中的重要载体和人文符号，无论是神话传说、诗词歌赋、绘画雕塑，还是帝王将相、儒释道俗……对鹤的喜好不分阶层、不分地域，鹤文化现象始终贯穿在每一个时期和领域。鹤，黑白分明、雌雄相随、举止典雅、鸿俦鸾音，其轩昂之姿、高洁之态、矜持之貌，众禽莫能与之争美，百鸟皆为其下，可以说鹤是最能代表和体现我国民族精神和文化的鸟类，是真正的"一品鸟"。

鹤惟华亭县鹤窠村
所出者为得地，
余皆凡格。

——沈括

有鹤来仪，鸣于浦左

——华亭鹤的故事

东海之滨，蒹葭苍苍。有鹤来仪，且唳且翔。

历史上的上海地区，曾是鹤的主要栖息地之一，自古以来为世人称颂的华亭鹤就产自上海，更确切地说产自昔日被誉为"仙鹤之乡"的浦东航头镇下沙一带。上海地区旧称"华亭"，因此，当地鹤和被称为"华亭鹤"。

古时尚无浦东、浦西之说，而谓浦左、浦右，浦左即现在的浦东。浦左，东临沧海，芦草丰茂，人烟渺茫。东海沉沙渐次堆积，形成"峙南而岸海"的沙滩，吸引了白鹤等禽鸟于此处繁衍生息。此地所产鹤为丹顶、绿足、龟跌，被誉为上品，深得文人士大夫喜爱。

宋代以后，伴随着衣冠南渡和煮盐业的发展，此地逐渐人烟辐辏，导致鹤的栖居疆域一再退减，宋时就有人感叹"野鹤何年海外去，荒鸡此路午前啼"。如今，沪上鹤类已经少见，但鹤文化源远流长，流传至今。

❶ 寻踪鹤迹：上海地区与鹤相关的地名

　　一个地名的由来，往往蕴含着过往的历史。上海与鹤文化有深厚的历史渊源，尤其是现浦东航头、周浦、新场一带，曾是华亭鹤重要的栖息繁衍之地。现在这些地区的地名、路名中有不少以"鹤"命名。无论是村名，抑或是一个村宅的名称，背后都有一段或曲折或离奇的故事。这些地名传说，勾起人们的记忆，让一代一代后人了解历史，记住乡情，也形成了本地特有的鹤文化现象。

◎ 鹤沙

　　"鹤沙"一词出自《云间志》。据《南汇县志资料》第一辑称，鹤沙即现在的浦东新区航头镇的下沙地区。清毛祥麟也在《墨余录》中指出，"鹤窠即今之下沙也"。下沙，是浦东成陆较早的地方，是南汇的"根"。古时，这个地方是滨海沙滩，因盛产白鹤而称为鹤沙。东吴儒将陆逊曾在此养鹤，并留下了华亭鹤的美丽传说。巧的是，无论是"下沙"还是"鹤沙"，两者的上海话发音相同。而今"下沙"两字中不见了鹤的影子，随着时光流转，也让人渐渐忽略了这片土地上许多有关鹤的记忆。

　　鹤沙地区形成集镇，根据史志的记载，那应该是在南宋乾、淳年间，特别是元代，是鹤沙地区最为兴旺的时期。华亭县设置浦东（古代浦东盐场在宝山而不是现在的浦东新区）、袁埠、青村、下沙、南跄（横浦）五大盐场以后，因为下沙盐司署设置在这里，逐渐成集，便改名成了下沙镇。当时下沙镇官商云集，繁荣已极，俨然成为当时松江东部的一个政治、经济、文化中心。

赋得华亭鹤

〔唐〕孔德绍

华亭失侣鹤，乘轩宠遂终。

三山凌苦雾，千里激悲风。

心危白露下，声断彩弦中。

何言斯物变，翻覆似辽东。

[注]《赋得华亭鹤》是唐代孔德绍创作的一首诗词，描述了华亭上的孤鹤离去后的凄凉景象。诗词中使用了很多象征手法，表现了鹤的孤独和华亭的凄凉。整首诗情感激烈，描绘了华亭上孤鹤离去后的凄凉景象，表达了孔德绍对离别和孤独的深深感受。

过鹤沙

〔宋〕张荣

一条晴雪冻寒溪，寂寂芳塘路不迷。

野鹤何年海外去，荒鸡此路午前啼。

淡云欲锁千村合，丽日高烘万树齐。

闻道沙中多石笋，几时才得出污泥。

华亭百咏·唳鹤滩

〔宋〕许尚

养鹤人何在，湖边水尚清。
唤回中夜梦，滩上戛然声。

〔注〕许尚：公元1195年前后在世，自号和光老人，华亭子。淳熙间，曾经根据华亭古迹，每一事为一绝句，名曰华亭百咏，凡一卷，《四库总目》传于世。

南坡鹤寀

〔宋〕孙怡

归舟傍南坡，坡树杂岚气，
上有胎禽巢，不知育雏未。

〔注〕《南坡鹤寀》又名《怀古》，以鹤寀村为背景，倾诉对华亭鹤的迷恋之情。

华亭仙鹤

〔清〕秦丙如

华亭仙鹤是胎生，谱载禽经旧有名。
放鹤坡边塘水古，鹤沙还有鹤寀村。

◎ 鹤窠村与鹤坡塘

"鹤惟鹤窠村所出为得地，余皆凡格。"这是北宋科学家沈括对华亭鹤的盛赞，其所指的"鹤窠村"即为浦东航头镇牌楼村境。

按南宋绍熙四年（1193年）《云间志》纂成于上卷物产记，华亭县之东，地名鹤窠，旧传产鹤，故陆平原有华亭鹤唳之叹。"云间，唳鹤之乡也"。晋朝时期，此地还是一个滨海村庄，因为盛产白鹤，所以叫鹤窠村，也叫鹤坡。村头有一排参天的古柏，有漠漠平沙的海岸，是白鹤的故乡。

关于鹤窠村的起源，《浦东召稼楼》一书有相关记载。古时召稼楼旁边有个涔（cén）湖。湖中有岛，岛上有亭，也多树木，曾有鹤群在此戏水飞鸣。塘边及岛上，树林间建有三排茅屋，原是东吴设防哨兵驻扎的营房。由于滩涂前移，营房成了陆家养鹤人的住所。随着养鹤人及家属人丁繁衍及其余人口的加入，渐成村落，鹤窠村乃成。

关于鹤窠村还有一个美丽的故事。晋时，相传有一天，从东海上空飞来一对美丽的白鹤，停留在村头的古柏上，在那繁茂的枝叶中营巢栖息，不久就生下一对雏鹤。雏鹤长大后，就随它的父母冲霄而去，从此不见返回。直到100

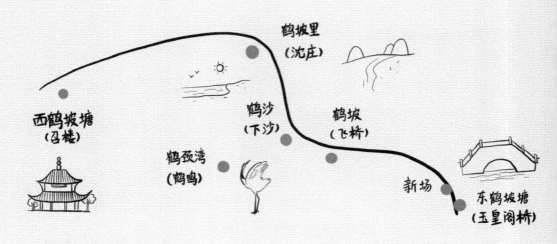

多年之后，当地的人们看到从云间飞来两只白鹤，在村落间徘徊，或栖树梢，或宿坟园。白鹤羽毛似雪，朱顶黑尾，足高两尺余，村民聚观，则延颈长鸣，游行自若，其声嘹亮，远闻十余里，数天后，两鹤依然像它们的父母一样冲天而去。此后，村中常有白鹤从云间飞来，于是远近传说鹤是"云间之产"，这个村庄遂被唤作鹤窠村。

据清光绪元年（1875年）出版的王韬著作《瀛壖杂志》记载："华亭向以鹤称。其地有鹤窠村，相传为华亭侯陆逊豢鹤处，旁有鹤坡……按其地即今之下沙也。"王韬认为鹤窠村就在当时的下沙之地，即在今航头镇（原下沙镇）谈弄村鹤坡塘边。这里现在仍有鹤坡塘遗迹可寻，它堪称当地"最古老的河道"。在为鹤坡塘清淤时，发现过一些古代陶瓷和铁器。而在鹤坡塘的东岸，即为旧时的"鹤窠村"。

鹤窠村所产白鹤，丹顶、绿足、龟文，形态丰美，极为珍贵，被称为鹤中之首，闻名于世。北宋科学家沈括认为下沙鹤窠村所出的鹤品格最高，产自其他地方的鹤与之相比都是凡品。

◎ 鹤颈湾与鹤鸣村

鹤鸣村得名于"鹤颈湾"的美丽传说。鹤鸣村东以咸塘港为界，南与航东村接壤，西与长达村为邻，北与梅园村相连。但初时的鹤鸣村仅限于"鹤颈湾"周围。

据传，当初由远方飞来一对丹顶鹤，它们在"鹤颈湾"驻足筑巢，生育了一对雏鹤。每天，成年鹤带着雏鹤在滩涂上觅食或练习飞翔，在鹤父母的精心哺育下，雏鹤渐渐长大，入冬前，这四只鹤腾飞而去。第二年开春后，那两只幼鹤又飞回了"鹤颈湾"，它们绕着原先的鹤巢不断地盘旋飞翔，时高时低，边飞边啼，似是眷恋故土，又似是找寻双亲。然而，任它们日复一日地啼鸣，那对年迈的丹顶鹤却始终没有再出现。

也许是这里咸水和淡水相交融的环境非常适合鹤的栖息，那对幼鹤虽然没有找到它们的父母，却唤来了数以千计的白鹤齐聚"鹤颈湾"，每天清晨，它们在这里或觅食，或戏耍，或绅士般踱步，或引颈啼鸣，"鹤颈湾"俨然成了鹤的天堂，鹤唳之声于五里地外可闻。

每年，鹤群都会如期来到"鹤颈湾"开启安逸生活。中国人历来视鹤为吉祥、长寿的象征，当地乡民喜爱鹤的高雅之态，将"鹤颈湾"保护起来，严禁外人进入其中骚扰鹤群，一些渔民甚至把从东海捕来的小鱼小虾抛洒在"鹤颈湾"，为鹤群提供足够的食物，让它们在这里健康成长。冬季来临前，鹤群又会相继向南方迁徙，其景象十分壮观。

从此，"鹤颈湾"一带的村宅被冠名为"鹤鸣村"。

华亭百咏·鹤坡

〔宋〕许尚

索寞东郊远，仙禽尽此藏。
梦回明月夜，林杪响圆吭。

南汇县竹枝词（节选）

〔清〕倪绳中

仙鹤产自下沙乡，叔道栖迟几十霜。
招鹤轩前风景好，鹤窠村里鹤坡塘。

鹤洲渔唱

〔明〕侯应达

波恬鹤洲[1]上，渔舟泛泛横。

歌来同日和，风送隔江听。

漠漠春湖绿，潇潇秋岸明。

临渊笑过客[2]，徒有羡鱼[3]情。

[注] 侯应达，开建县（今广东封开县）人。为明神宗万历年间太学生，明代诗人。清康熙《开
　　建县志》卷八传有其诗词。

[1] 鹤洲：养鹤的洲渚。

[2] 过客：过路的客人；旅客。

[3] 羡鱼：喻空存想望。

◎ 南翔

位于上海市嘉定区的南翔镇，是上海市四大历史名镇之一，曾有"小小南翔赛苏城"之美誉。缘何取名南翔？其中有一段关于鹤的传说。

传说1500年多前，此地曾掘地得石，有两只白鹤经常盘旋其上，或是在石上歇脚，有一僧人认为此地乃宝地，便在此兴建寺庙。寺庙落成后，鹤便飞去不返，石头上忽现题诗"白鹤南翔去不归，惟留真迹在名基；可怜后代空王子，不绝薰修享二时。"大意是说，白鹤已经南飞，不必怀念，只要在庙里多修行，珍惜现在，脚踏实地生活，便能有一个完满的结果。

南翔镇的传说并不是空穴来风。从地理变迁的角度观察，南翔镇就位于上海古海岸"冈身"的附近，在古代曾是一片泥沙淤积、水草丰茂的沙洲。鹤为一种候鸟，随季节交替而周期性地进行迁徙。气候转暖时便向北迁徙，一直到达黑龙江等地；气候转冷时便一路向南飞翔，到长江三角洲或者更南的地方驻留。"南翔镇"的名字正好是鹤鸟迁徙的真实见证。在今天的南翔古猗园内、镇府大楼前的广场上，到处可以看到白鹤的雕塑，它们姿态万千，栩栩如生，好像从未离我们远去。

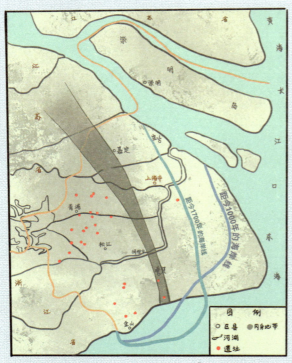

上海的古海岸线冈身位置示意图①

---

① 陈吉余，李道季，金文华. 浦东国际机场东移与九段沙生态工程［J］. 中国工程科学，2001，3（4）：4.

上海嘉定南翔白鹤亭，位于古典园林古猗园内

◎ 白鹤镇

在青浦区还有一个"白鹤镇"。从地理上看，正好是白鹤南翔飞临、停留之地。史载，白鹤镇就是唐代的青龙古镇所在地，也是明朝青浦建县时的地方，又称"旧青浦"。相传，此地原为一片芦苇荡，荡上白鹤成群，此地因而得名。并有"北有嘉定南翔、南有青浦白鹤"之说。

如今，镇上还有众多古迹可循，其中包括青龙桥、继善桥两座古桥。在青龙桥桥孔两面，镌刻有对联两幅，其中一幅写的便是"白鹤闻声远，青龙流泽长"，诉说着白鹤镇沧海桑田的变化。

白鹤镇历史悠久，文化底蕴深厚，物产丰富，民风淳朴，境内有青龙寺、青龙塔以及塘湾桥等名胜古迹。

石柱上楹联
东联"长抱九峰秀，运锺三泖灵"；
西联"白鹤闻声远，青龙流泽长"。

白鹤镇老街东北部的青龙桥

◎ 放鹤路

　　放鹤路位于现上海市闵行区的北桥地区。北桥原名放鹤桥，而这一地名的由来也与一段历史佳话有关。

　　相传，西晋时期著名文学家陆机和弟弟陆云住在现松江小昆山地区，经常带着白鹤到天马山东乡（今北桥一带）放飞。秋天的某一日，陆机在秦皇道的俞塘河木桥上放鹤，鹤一出笼，就长鸣三声，凌空飞去。陆机养鹤已有多年，但从来不曾听过鹤叫，因此开心地连声叫好。兴奋之下，他筹资把这座俞塘木桥扩建为五马并行的环龙石桥。

为了纪念在此初闻鹤鸣，当地的百姓就把附近的俞塘木桥改名为"鸣鹤桥"，后来因感觉叫得不顺口，就改叫"放鹤桥"，而这座桥附近的路就叫"放鹤路"。离"放鹤路"不远的北面还有一条"鹤翔路"。

◎ 吾园鹤巢

沪上鹤之踪迹也曾出现于老城厢地区。清代嘉庆年间，光禄寺典簿李筠嘉购得上海县城西南的邢氏桃圃，加以修葺，流水环绕，养鱼种竹其间，起名"吾园"。园内有桃百株、竹千杆、鱼数千、豢鹤二，园内有带锄山馆、红雨楼、潇洒临溪屋、清气轩、绿波池等诸景，绿波池上筑有鹤巢，频现仙鹤。李筠嘉曾专作《吾园记》一文，记叙自己建园始末，并在其中描述园中风物及生活，养鹤被园主人视为寄寓闲情逸致的文人雅好。

李筠嘉仗乡图

据地方文献资料记载，吾园内还诞生了一个上海近代的书画社。李筠嘉是藏书家、书法家，他与文友李廷敬志趣相投，共同创办吾园书画会，参加者共百数十人，前后活跃了二十余载。其雅集内容涵盖了招饮、畅游、饯行、消寒、

《吾园记》

消夏、赏菊、观荷、看桃、玩鹤、弹奏、题画等内容。上海市历史博物馆则收藏了一幅《李筠嘉仪乡图》，不仅是李氏雅集的重要文献，也可以让后人得以瞻仰近代文人的风采。

❷ 云间来客：关于华亭鹤的传说

华亭鹤，丹顶、绿足、龟趺，被誉为鹤中上品，深得文人士大夫喜爱，历来为世人称颂。传说中，东吴名将陆逊及儿孙曾在此处养鹤，王羲之、白居易、刘禹锡等大家都曾与华亭鹤结缘。后世，又有诸多文人墨客来此处赏鹤观景。白鹤或翱翔云间或亭亭静立，引发了人们许多瑰丽的想象。围绕"鹤"之一字，众人吟诗咏叹，以鹤状物、命名，形成了上海地区独具一格的鹤文化。

◎ 陆逊鹤窠村养鹤放鹤

古时华亭，三面环海，有大片滩涂、湿地、芦苇荡，因而成为仙鹤的乐园。此地所产华亭鹤姿态娴美，为历代文人士大夫钟爱。而最早与华亭鹤结缘的文人名士应属陆逊。

据《三国志·吴志·陆逊传》记载：东汉建安二十四年（219年），东吴儒将陆逊因破荆州有功而获封"华亭侯"，这是"华亭"作为地名首次见诸史籍。华亭尚未建县时，已有名士养鹤于"鹤窠村"。《分建南汇县志》也记载鹤沙相传是华亭侯陆逊豢盛养白鹤之处。陆逊爱鹤，经常与儿子陆抗一起在华亭东部海滨的鹤窠村养鹤。

至于"鹤窠村"的具体方位，根据历代地方志、笔记文献等资料汇集，可以确定为今航头镇牌楼村十三、十四组一带。至今，这里的人们仍津津乐道于陆逊早年在此养鹤的传说。

◎ 陆机华亭鹤唳

> 陆平原河桥败，为卢志所谮，被诛。临刑叹曰："欲闻华亭鹤唳，可复得乎！"

——《世说新语》

说起华亭鹤的历史典故，最著名的莫过于陆机的"华亭鹤唳"。然而，很多人只知道此处的"华亭"现为上海地区，却不知这段故事与浦东有一段渊源。

公元280年，吴国亡，东吴丞相陆逊之孙陆机、陆云回到其祖父封地华亭居住。二陆在此读书立说，据传著名的《平复帖》《文赋》等就成于此时。

71

在华亭期间，除在家闭门读书著说之外，最令二陆愉悦快意的就是放养白鹤。当时华亭的最东端濒临东海，气候温湿，人烟稀少，且有大面积的沙滩和芦苇地。其地有鹤窠村，以产华亭鹤闻名，而该处就位于现在的上海浦东航头镇。陆机、陆云效仿其祖父陆逊和父亲陆抗，常来此放鹤、饲鹤、驯鹤。为便于驯鹤和休息，二陆还在此建造凉亭和行所。现在浦东还可见"机云亭"和"鹤坡塘"遗址。

陆机、陆云兄弟俩在华亭读书、放鹤，享受乡野之趣有十年之久。太康十年(289年)，陆机与陆云受晋朝大臣、太常张华之邀一同来到京师洛阳。因是东吴名门望族之后，且才华横溢、学富五车，二陆仕途顺畅，接连受到拔擢。陆机先后被任为祭酒、郎中令、相国参军、中书郎，陆云也被任为太子中舍人、中书郎等职。"八王之乱"中，成都王司马颖重用陆机担任大将军之职，并请封陆机为平原内史、陆云为清河内史。太安二年（303年），成都王与河间王起兵讨伐长沙王，让陆机代理后将军、河北大都督。由于军心不稳和小人作祟，陆机方大败，便有人借机诬陷陆机有通敌谋反之嫌，于是，司马颖一怒之下派人率兵捉拿陆机。

拂晓时分，前来捉拿的官兵至陆机军帐，下达了就地处死的命令。陆机脱去盔甲战袍，换上素服，要求宽限一点时间，让自己给成都王写一封诀别信。须臾弥留之际，陆机思潮翻涌，感慨万千。他想到了引颈高歌的华亭鹤，那一声声响彻天际的鹤唳声似乎是为他而发出。陆机在给成都王的信中写道："欲闻华亭鹤唳，可复得乎！"他感叹，想听一听故乡华亭鹤的叫声，但再也听不到了。这句话也留下了一个成语"华亭鹤唳"，发此感叹的陆机后悔不该当官，流露出对当时百姓生活的留恋。

"华亭鹤唳"的故事距今已逾千年，浦东现已少有白鹤出没，但鹤唳声声回荡在这片土地的历史天空中！

◎ 王羲之华亭乞鹤

众所周知，王羲之喜爱养鹅，并且他从鹅的体态、行走、游泳等姿势中，体会出书法运笔的奥妙，领悟到书法执笔、运笔的道理。事实上，王羲之对鹤也甚是钟情，故而其书法既有鹅的雍容圆润，也有鹤的清逸俊朗、挺拔洒脱。王羲之出生于道教世家，在道教理论体系里，鹤代表吉祥长寿，是可以坐化升仙的灵物，故而，王羲之对鹤的喜好和崇拜是与生俱来的。

王羲之与著名的华亭鹤也有一段传说故事。据《浦东召稼楼》一书记载，晋咸和九年（334年）三月，王羲之携夫人郗璿由山阴回朱方（今镇江）岳父郗鉴家省亲。途中专程绕道华亭，瞻仰了心仪已久的陆机故宅，拜读了陆机诗赋文章的手稿。夫妇俩对《平复帖》文稿斑驳烂漫的书法艺术留下了深刻的印象。在陆机后人的陪同下，他们又坐船浏览了华亭侯封地内的鹤窠村、涝湖和鹤坡塘。在那里，他们看到了从未见过的壮丽一幕：天上飞的是白鹤，地上舞的是白鹤，树上栖的是白鹤，湖上凫的是白鹤，真是仙鹤的王国。眼望仙鹤，耳听鹤鸣，心随鹤飞，王羲之哲思起伏，浮想联翩。在返程的时候，王羲之夫妇如愿以偿得到了一对极品华亭鹤，而陆氏后人则得到了梦寐以求的墨宝"机云亭"三个大字。几天后，仙鹤同王羲之夫妇一起到了朱方的郗鉴家中。仙鹤是郗家最崇敬的灵物，所以华亭鹤一到朱方，就受到了最优厚的待遇。郗鉴在自家园林的荷花池畔给其中一只仙鹤

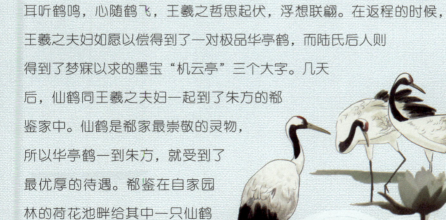

建造了仙鹤轩，并派人日夜侍候；另一只极品华亭鹤后随王羲之夫妇俩到了山阴，也受到了同样的礼遇。

◎《瘗鹤铭》悼华亭鹤

《瘗鹤铭》为原刻在镇江焦山西麓石壁上的楷书摩崖，刻于南朝梁天监十三年（514年）。其书者传为南朝梁代书法家陶弘景。原石刻因山崩坠入江中，后打捞出，只存五残石，现陈列于江苏省镇江焦山碑林中。

现存《瘗鹤铭》约90字，内容为一位隐士的葬鹤铭文。铭文中说"鹤寿不知其纪也，壬辰岁得于华亭"。证明本文是一篇地地道道纪念华亭鹤的文章，这也说明华亭鹤在当时就是一种十分珍贵的禽鸟，否则不至于鹤死了还要为之埋葬，并树碑勒铭了。

铭文后书"华阳真逸撰，上皇山樵正书"。据考，"华阳真逸"是南朝梁代学者陶弘景，但对于"上皇山樵"是谁，一直众说纷纭。有学者认为"上皇山樵"乃书法家王羲之。潘金平、马顺华主编的《浦东召稼楼》一书中也记录了王羲之夫妇从陆机后人处得一对华亭鹤的故事。

此铭字体浑穆高古，用笔奇峭飞逸。这虽只是一篇哀悼家鹤的纪念文章，但其书法意态雍容，格调高雅，堪称逸品。虽是楷书，却还略带隶书和行书意趣。铭书自左而右，与碑不同，刻字大小悬殊，结字错落疏宕，笔画雄健飞舞，且方圆并用，无论笔画或结字，章法都富于变化，形成萧疏淡远、沉毅华美之韵致，是艺术性极高、影响极大的著名碑刻，有"大字无过《瘗鹤铭》"之誉。

◎ 上海与鹤有关的地名

浦东新区

鹤沙航城社区（上海市浦东新区航头镇）
鹤鸣村
鹤东村
鹤鸣居民区
牌楼村（古鹤窠村）
鹤楼路、航鹤路、鹤梅路、鹤沙路、鹤驰
路、鹤韵路

闵行区

北桥（原名放鹤桥）
放鹤路
鸣鹤桥
鹤翔路
鹤庆路
鹤坡路

松江区

听鹤榭（上海市松江区人民南路64号上海醉白池公园内）
望鹤亭（上海市松江区中山东路235号方塔园）
鹤泾湾
鹤诸路
鹤溪街

青浦区

白鹤古镇（上海市青浦区下辖镇）
白鹤村
鹤星村
鹤祥路
鹤吉路

嘉定区

南翔镇
鹤霞路
鹤旋路

金山区

鹤鹳滩（上海市金山区枫泾镇）

奉贤区

度鹤亭（上海市奉贤区南桥镇解放中路220号古华园）

瘗鹤铭

〔南北朝〕华阳真逸

　　鹤寿不知其纪也，壬辰岁得于华亭，甲午岁化于朱方。天其未遂，吾翔寥廓耶？奚夺余仙鹤之遽也。乃裹以玄黄之巾，藏乎兹山之下，仙家无隐晦之志，我等故立石旌事篆铭不朽词曰：相此胎禽，浮丘之真，山阴降迹，华表留声。西竹法理，幸丹岁辰。真唯仿佛，事亦微冥。鸣语化解，仙鹤去莘，左取曹国，右割荆门，后荡洪流，前固重扃，余欲无言，尔也何明？宜直示之，惟将进宁，爰集真侣，瘗尔作铭。

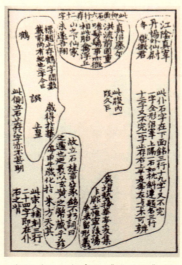

张弨（chāo）考订《瘗鹤铭》图

◎ 白居易以鹤为伴

三年伴是谁？华亭鹤不去，天竺石相随。

——《求分司东都·寄牛相公十韵》

白居易一生酷爱华亭鹤，与鹤为侣，创作咏鹤诗近三十首，为唐人咏鹤之冠。初入仕时，他曾作《感鹤》一诗以自警。一直以来，他仰慕华亭鹤之名，却无缘观赏。

长庆二年（822年），白居易来到江南出任杭州刺史。在职三年里，白居易得以亲近华亭鹤。他在《求分司东都·寄牛相公十韵》中自述："三年伴是谁？华亭鹤不去，天竺石相随。"宝历元年（825年），白居易调任苏州刺史，此处是华亭郡城，他精心饲养了华亭鹤，从此与之朝夕相伴。他在《郡西亭偶咏》中倾诉："常爱西亭面北林，公私尘事不能侵。共闲作伴无如鹤，与老相宜只有琴。"那年寒冬，白居易的一只华亭鹤突然飞翔失踪，"三夜不归笼"，他难过地写下《失鹤》叹息："郡斋从此后，谁伴白头翁。"不久，他在外出时幸运地觅得两只幼小的华亭鹤，终于一扫郁闷。翌年底，白居易因病自请卸任北归，他在《自喜》中吐露："身兼妻子都三口，鹤与琴书共一船。"途经扬子津与刘禹锡巧遇，他便高兴地在船上向好友展示了随行的一双雏鹤。会昌二年（842年），白居易以刑部尚书辞仕，离开京师长安，闲居于洛阳，他所住的宅园景物以水、竹为主，仍饲养着华亭鹤。

在白居易的暮年生活中，华亭鹤扮演着重要的角色，几乎与其形影不离，诚如他《自题小草亭》中的"伴宿双栖鹤，扶行一侍儿"，以及《家园三绝》中的"何似家禽双白鹤，闲行一步亦随身"。《池鹤》诗作于裴相归鹤后不久，这首诗借物抒怀，以池鹤自喻，托物言志，既描写了鹤的与众不同，突出了它的形态美、色彩美和声音美，又以鹤与鸡、鸬鹚、鹦鹉作对比，表现了鹤不事权贵的孤高品格和超凡风姿，同时表达了诗人对闲适的田园生活的向往以及对仕途沉浮、官场黑暗的厌倦和无奈。

感 鹤

〔唐〕白居易

鹤有不群[1]者，飞飞在野田。

饥不啄腐鼠[2]，渴不饮盗泉[3]。

贞姿[4]自耿介[5]，杂鸟何翩翾[6]。

同游不同志，如此十馀[7]年。

一兴嗜欲[8]念，遂为矰缴[9]牵。

委质小池内，争食群鸡前。

不惟怀稻粱，兼亦竞腥膻。

不惟恋主人，兼亦狎乌鸢[10]。

物心不可知，天性有时迁。

一饱尚如此，况乘大夫轩。

---

[1] 不群：不平凡，高出于同辈；不合群。
[2] 腐鼠：腐烂的死鼠。
[3] 盗泉：古泉名。
[4] 贞姿：坚贞的资质。
[5] 耿介：光大圣明；正直不阿，廉洁自持。
[6] 翩翾：轻飞貌；闪烁貌；摇曳貌。
[7] 馀：见"余"。
[8] 嗜欲：嗜好与欲望。
[9] 矰缴：系有丝绳、弋射飞鸟的短箭。比喻暗害人的手段。
[10] 乌鸢：乌鸦和老鹰。均为贪食之鸟。

池鹤二首

〔唐〕白居易

高竹笼前无伴侣[1]，乱鸡群里有风标[2]。

低头乍恐丹砂[3]落，晒翅[4]常疑白雪消。

转觉鸬鹚[5]毛色下，苦嫌鹦鹉语声娇。

临风一唳[6]思何事，怅望青田云水遥。

池中此鹤鹤中稀，恐是辽东老令威[7]。

带雪松枝翘膝胫[8]，放花菱[9]片缀毛衣。

低回且向林间宿，奋迅终须天外飞。

若问故巢[10]知处在，主人相恋未能归。

---

[1] 伴侣：同伴；伙伴。指夫妻或夫妻中的一方。
[2] 风标：风度，品格。形容优美的姿容和神态。该句"乱鸡群里"一作"乱群鸡里"。
[3] 丹砂：即朱砂。矿物名，色深红，这里代指鹤顶。
[4] 晒翅：古代酷刑之一种。
[5] 鸬鹚：水鸟名。
[6] 唳：鸟类高声鸣叫。
[7] 令威：即丁令威，传说中的神仙名。
[8] 膝胫：小腿。
[9] 菱：植物名。
[10] 故巢：旧巢。亦比喻故居。

◎ 刘禹锡叹鹤

　　和白居易一样对华亭鹤情有独钟的还有刘禹锡。因之与白居易的友情，刘禹锡与华亭鹤也有一段渊源。

　　宝历二年（825年），白居易自苏州北归途中路过扬子津时巧遇刘禹锡。因为知道刘禹锡一直仰慕华亭鹤，白居易便向他展示了自己携带的两只华亭鹤。刘禹锡一见倾心，终日赏玩，赞美它为"华亭之尤物"。翌年春，刘禹锡回洛阳，虽白居易应召去了长安，但为探视鹤仍赴其府第。此时，那对成长起来的鹤看到刘禹锡竟翩翩起舞，如故旧相逢。虽不能言，但却"徘徊俯仰，似含情顾慕填膺"，翔舞调态献殷勤。刘禹锡深有感触，故作《鹤叹》诗二首并序。诗主要赞美了鹤高尚纯洁的品格和高雅的生活情趣。刘禹锡将此诗寄给远在长安任职的白居易，告诉他院里已杂草丛生，鹤影孤单。大和五年（831年），刘禹锡出任苏州刺史。他在供职华亭郡城期间，对华亭鹤的兴趣更浓，办理公务之暇常四处寻访。

鹤叹二首

〔唐〕刘禹锡

友人白乐天，去年罢吴郡，挈双鹤雏以归。予相遇于扬子津，阅玩终日，翔舞调态，一符相书，信华亭尤物也。今年春，乐天为秘书监，不以鹤随，置之洛阳第。一旦，予入门问讯其家人，鹤轩然来睨，如旧相识。徘徊俯仰，似含情顾慕填膺，而不能言者。因作《鹤叹》，以赠乐天。

寂寞一双鹤，主人在西京。故巢[1]吴苑树，深院洛阳城。

徐引竹间步，远含云外情。谁怜好风月，邻舍[2]夜吹笙[3]。

丹顶宜承日，霜翎[4]不染泥。爱池能久立，看月未成栖[5]。

一院春草长，三山归路[6]迷。主人朝谒[7]早，贪养汝南鸡[8]。

[注] 刘禹锡（772—842年），字梦得，籍贯河南洛阳，生于河南郑州荥阳，自述"家本荥上，籍占洛阳"，自称是汉中山靖王后裔。唐朝时期大臣、文学家、哲学家，有"诗豪"之称。他的家庭是一个世代以儒学相传的书香门第。其在政治上主张革新，是王叔文派政治革新活动的中心人物之一，后来永贞革新失败被贬为朗州司马（今湖南常德）。据湖南常德历史学家、收藏家周新国先生考证，刘禹锡被贬为朗州司马期间写了著名的《汉寿城春望》。

[1] 故巢：旧巢。亦比喻故居。

[2] 邻舍：邻居。

[3] 笙：乐器名，一种簧管乐器。

[4] 霜翎：白羽。

[5] 栖：停留、休息。

[6] 归路：归途；往回走的道路。

[7] 朝谒：谓参见尊者。入朝觐见。

[8] 汝南鸡：古代汝南所产之鸡，善鸣。

北宋梅尧臣曾多次抵达华亭，他屡见大批华亭鹤自由翱翔，所以在《过华亭》中吟出"晴天嗥鹤几千只"之隽句。明末李延昰的《南吴旧话录》谈到，明代内阁首辅徐阶的儿子喜欢华亭鹤，一次就养了数百只。

扩展阅读

过华亭

〔宋〕梅尧臣

晴云嗥^{háo}鹤几千只，
隔水野梅三四株。
欲问陆机当日宅，
而今何处不荒芜。

[注] 梅尧臣（1002—1060年），字圣俞，世称宛陵先生，宣州宣城（今安徽省宣城市宣州区）人，宋代重要的诗人，他的诗歌与欧阳修的古文、蔡襄的书法代表了庆历、嘉祐年间文学艺术的最高成就，是嘉祐文明在文艺上的集中体现。他与苏舜钦齐名，时号"苏梅"，又与欧阳修并称"欧梅"。其诗风格"闲肆平淡，涵演深远"，具有很高的艺术性和思想性，有宋诗"开山祖师"之称，对宋代诗风转变影响很大。

◯ 秦钿箭下留鹤

在浦东航头镇有一座老宅院，名为"秦家老宅"。该宅第是上海城隍老爷秦裕伯生前授意儿子秦钿所建。作为江南望族的秦家为何于此处建宅，其中有一段颇为传奇的故事。

相传，元朝时期，进士秦裕伯的儿子秦钿，有一天去海滩边狩猎，见一对白鹤在滩涂塘边戏水，一只站立昂首鸣啼，一只卧于草丛中轻声哼鸣。于是，也拉开弓箭，准备射杀。这时，奇特的一幕发生了，站立的那只白鹤朝他飞奔而来，并用长长的尖嘴啄着秦钿的衣袖，拚命往卧在草丛里的白鹤处拉拽。秦钿不知这白鹤何意，便跟随它而去，走近一看，只见卧着的白鹤正在哺育刚出生的一群幼鹤。这时，那只站立的白鹤围着秦钿转圈并鸣叫不息，秦钿这才明白，原来那白鹤是在央求其手下留情，不杀哺育后代的白鹤，以保白鹤繁衍。

当天，秦钿回家后，把亲身经历的这一幕告知其父秦裕伯，秦裕伯听后大喜，说道："白鹤乃吉祥、幸福、长寿之象征，不可猎杀，鹤能围着你鸣叫，这是好兆头，足以证明我秦家与鹤有缘也。"

次日，秦裕伯让秦钿带路去了白鹤所在处一探究竟，遗憾的是那一对白鹤和幼鹤已然离去。秦裕伯说："此处乃吉祥地，在此置地盖房，秦家必定香火旺盛，门庭兴旺，子孙满堂。"于是，命秦钿在鹤鸣处动土盖宅，这样，便有了秦家老宅。

明朝初期，太祖朱元璋封秦裕伯为城隍老爷，建上海城隍庙。由此，秦家老宅也随之声名远扬。

夫顶丹颈碧，毛羽莹洁，颈纤
而修，身耸而正，足癯而节
高，颇类不食烟火人，乃可谓
之鹤。

——林洪

鹤美百科
——鹤与自然

"羡青山有思，白鹤忘机。"

青山不语，似在凝神静思，隐士与鹤、梅为伴，忘却尘世的权谋机算，这是多么令人羡慕啊！

宋代词人汤恢《八声甘州》中的这句经典词句，以一幅超迈脱俗、清新出尘的画面，道出了古代文人的隐逸情怀。古往今来，鹤作为徜徉于天地间的自然生灵，寄托了人们与自然和谐共生的美好向往。

在东方文化中，鹤被视为"仙禽"，它是舞动于天地间的精灵，在广袤的大地上，演绎着生命的华章。然而，随着人类活动的扩展，鹤的生存受到了威胁。湿地的减少和环境污染使得鹤的栖息地日益缩减。保护鹤和它们的自然栖息地，不仅是对这一物种的关爱，也是对整个生态系统的维护。

鹤不仅是自然界中的一道亮丽风景线，更是连接人类与自然的桥梁。包括鹤在内的所有野生动物，是生物多样性和自然生态体系的重要组成部分，它们的存在提醒我们，尊重自然、保护环境是我们每个人的责任。

① 鹤的谱系和分类

鹤类是地球上比人类还早6000万年的古老居民。原始鹤类约出现在新生代第三纪始新世。

那时气候温暖，长着美丽顶冠的鹤类基本都在北部大陆的大片湿地上繁衍生息。进入第四纪（距今200万年以前），山川剧变，气候变冷，鹤类赖以生存的广阔温暖的湿地大多不复存在。原始的多种冠鹤，只有两种在赤道附近地带幸存下来。然而，这种变化却促使了新的鹤种产生。鹤类为了生存，不断改变自己，以适应新的环境。为了寻求适宜栖息的新环境，鹤逐步演变成迁飞的候鸟，其体态、骨骼、羽毛也变得更加适合远距离飞行。

○ 鹤的分类

鹤，是鹤形目鹤科鸟类的通称，属大型涉禽。其羽毛有黄、白、黑等色，高约三尺，喙长约四寸，头顶颊部及眼睛为红色，脚部色青，颈部修长，膝粗皆细，叫声洪亮。

现在，鹤科鸟类已成为鸟纲中一个庞大的家族，共有15个种类，除古老的灭冠鹤、黑冠鹤外，还有丹顶鹤、黑颈鹤、美洲鹤、灰鹤、白头鹤、沙丘鹤、赤颈鹤、澳洲鹤、白枕鹤、肉垂鹤、白鹤、蓝鹤、蓑羽鹤。

现存的鹤类广泛分布于北美洲、非洲、欧洲、亚洲等地区的湿地、湖滨、河畔、沼泽、滩涂、苔原、藓沼地带，是湿地生态环境的重要指示物种。

丹顶鹤

丹顶鹤别名仙鹤，高约 1.5 米。

丹顶鹤，体态修长，体羽洁白，头饰红冠，形神俊逸，几乎集中了鹤类的一切美好特征，被视为吉祥、长寿的象征。繁殖地在我国东北的三江平原和松嫩平原，以及俄罗斯、日本等地。在我国东南沿海、长江中下游，朝鲜半岛海洲湾，日本等地越冬。

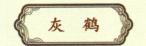

灰 鹤

灰鹤别名玄鹤，高约1.2米，是鹤中灰姑娘。

灰鹤，在我国又名玄鹤、千岁鹤，是我国常见鹤类，也广泛分布于欧亚大陆和非洲北部。体羽灰色，后背颜色微棕，两颊至颈部侧面灰白，喉前及后颈灰黑色，嘴、脚灰色，飞羽和覆羽皆黑色，故称玄鹤。体型比丹顶鹤略小，乍一看像是没有清洗过的丹顶鹤。会主动往羽毛上涂抹灰色泥土，把全身弄得灰头土脸，主要为了在滩涂湿地浅滩之中更好地隐蔽身形。

赤颈鹤

赤颈鹤别名天鹤，高约1.5米，是最高大的鹤。

赤颈鹤是鹤类中也是飞禽中最高大的一种。性凶剽悍，鸣声洪亮。雌雄形影相依，它们的"二重唱"对入侵者有很强的威慑力。耳羽和头顶浅灰色，两颊直至颈上部的皮肤裸露，呈红色，喙灰绿，腿浅黑透红。赤颈鹤全球有三个亚种，分布于印度次大陆、东南亚和澳洲，均不迁徙。我国云南曾有分布，傣族人称赤颈鹤为"天鹤"，是吉祥长寿的象征。国内最后一次目击记录是在1986年，之后销声匿迹。

澳洲鹤

澳洲鹤别名伴侣鹤，高约 1.6 米，脑袋上不长毛。

澳洲鹤体形较大，仅次于赤颈鹤。澳洲鹤的头部除了纤细的黑羽毛外，其余部分裸露。头顶和额部呈淡绿色，两侧和颈项为红色，其他部分体羽灰色，喉部长有一悬挂着的黑色肉垂，腿和脚黑色。澳洲鹤曾经几乎遍及澳大利亚全境，但由于开荒造田等原因，后栖境缩小，现在的繁殖地已仅限于澳大利亚北部。澳大利亚土著居民称其为"伴侣鹤"，因其对爱情忠贞。

美洲鹤

美洲鹤别名美洲白鹤，高约 1.5 米，是数量最少的鹤，享受飞机领航。

美洲鹤是世界上最稀有而濒危的鹤类。面颊及头顶裸露，飞羽和颈黑色，其余体羽洁白。站立时几乎全身白色，是北美洲最高的鸟。由于栖息地的破坏以及狩猎、捡卵等活动，迫使它们处于灭绝的边缘。

灰冠鹤

灰冠鹤别名灰冕鹤，高约1.3米，非洲常见鹤类，是乌干达国旗上的明星物种。

灰冠鹤又名东非冠鹤。颜色比黑冠鹤浅，颈部更浅，体羽为浅蓝灰色，体态几乎与黑冠鹤相同。和黑冠鹤一样，头上有金光闪烁的羽冠，能在树上栖息。分布在非洲东南部的乌干达、肯尼亚、坦桑尼亚、莫桑比克，西部的刚果，南至南非的曼德拉。由于鸣叫时间都在黎明、中午和子夜，农家把它看成是一种准确无误的生物钟。基于对它的喜爱，乌干达将它奉为国鸟。

肉垂鹤

肉垂鹤别名吐绶鹤，高约1.7米，似火鸡。

体形似白鹤，是非洲四种鹤中最高大的。全身羽毛主要呈灰色，但胸、腹部黑色，颈白色，嘴红色。两颊各有一个红色的扇形肉垂，可以表达情绪，激动时变大，恐惧时变小。主要生活在非洲中南部，不迁徙。在世界7种濒危鹤类中，它是唯一的留鸟。

蓝 鹤

蓝鹤别名蓝蓑羽鹤，高约1.1米，是鹤中的"蓝精灵"。

南非国鸟，是南非独有鹤类，超过99％的种群都生活在南非，且不作远距离迁徙。全身羽毛呈一致的蓝灰色。翅上覆羽深灰色，端部趋于黑色，站立时覆在尾羽上，长长地伸向后下方。头上密布着长而松散的银灰色羽毛，显出隆起的外观。形态婀娜、潇洒。

蓑羽鹤

蓑羽鹤别名闺秀鹤，高约0.8米，体型最小，飞得最高，能够飞跃珠穆朗玛峰。

蓑羽鹤是鹤中最卓越的飞行大师，于欧亚大陆北部繁殖，在西藏南部、印度和非洲中部越冬，迁徙时部分个体能够飞跃珠穆朗玛峰，为世界上飞得最高的鸟类之一。其体型是世界15种鹤中最小的，身体主要呈蓝灰色，喜栖息在湿地边缘。它们的巢址多选在人迹罕至的开阔草原上，不筑巢，把卵产在光秃的干燥地上，周围往往只有稀疏的草类。其分布之广，数量之多，仅次于灰鹤。

黑颈鹤

黑颈鹤别名藏鹤，高约1.2米，是唯一生活在高原的鹤类。

黑颈鹤除头顶有红色裸皮、眼后有一小块白斑外，头颈部几乎全黑，"黑颈"名副其实。直到1876年，才被俄国探险家普热瓦尔斯基发现并进行科学描述，是所有鹤类中最晚被定名的种类，也是唯一繁殖和越冬都在高原地区的鹤类。主要在青藏高原的湖泊区繁殖，在云贵高原上的湖泽地带越冬。后又在西藏拉萨河流域发现大量越冬个体。黑颈鹤是藏族人民心中的神鸟。

白 鹤

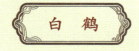

白鹤别名西伯利亚鹤，高约1.4米，是唯一的"极危"物种。

国内一般说的白鹤更多的是指丹顶鹤，而动物学上的白鹤则是另外一个独立的物种，比丹顶鹤更白，身上只有初级飞羽是黑色，完全展翅的时候会显露出来，脸部为红色裸皮。主要在我国长江中下游的江西鄱阳湖地区集群越冬，在我国越冬的种群占全球白鹤总数的98%以上。全球约有4000余只，由于越冬地过于集中，存在灭绝的风险更大，因此被评定为"极危"。

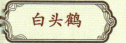

白头鹤

　　白头鹤别名修女鹤，高约1米，是森林之鹤。

　　白头鹤是我国一级重点保护野生动物。体形较小，从喙至额的上侧有密集的黑色羽毛，从头的下侧至颈部生有雪白的柔毛，其余部分遍布着灰色羽毛。繁殖地在俄罗斯西伯利亚东南部的美洲落叶松藓沼地，越冬地在我国长江下游及日本、印度。迁徙途经我国东北及朝鲜半岛等地。性惊怯，难驯养。黑龙江省伊春市新青区被授予"中国白头鹤之乡"称誉。

沙丘鹤

　　沙丘鹤别名加拿大鹤，高约1.2米，不生活在沙丘地区。

　　沙丘鹤是世界最古老的一种现代鸟类。和其他鹤类一样，喜欢生活在水草肥美的湿地，不生活在沙丘。被命名为沙丘鹤的主要原因在于该物种迁徙最重要的中转地位于美国内布拉斯加州沙丘边缘。在北美非常常见，在我国，冬天偶见于江西鄱阳湖和江苏盐城地区湿地。

黑冠鹤

黑冠鹤别名黑冕鹤，高约1.1米，与灰冠鹤仅色型上存在差异。

黑冠鹤又名西非冠鹤。它的头顶前部覆盖有天鹅绒般柔软光滑的黑色毛垫，头顶有金黄色美丽的"王冠"。其体羽是近于黑色的深灰色。翅上的羽毛为白色和黄色。两颊桃红色，喉部有一小红肉垂。分布于非洲西部、中部、南部的热带草原及沼泽地带，是尼日利亚国鸟。

白枕鹤

白枕鹤别名红面鹤，高约1.3米，红色脸盘。

因面颊鲜红，白枕鹤又名红面鹤。腹部及前胸下侧深蓝灰色，背部较浅，头后部、颈和前胸上侧均为白色。它的繁殖地在俄罗斯西伯利亚东南部的贝加尔湖一带和我国的黑龙江、乌苏里江流域以及蒙古的东北部森林、草原地带。几乎与丹顶鹤的繁殖区重叠。性温顺，易驯养。

◎ 鹤的谱系

　　世界上的15种鹤，均为鹤形目鹤科鸟类，大多为濒危珍稀物种。鹤科有两个亚科，分别为冠鹤亚科和鹤亚科。冠鹤亚科的化石最早出现在始新世，化石记录表明曾有11种冠鹤生活在欧洲和北美洲，由于气候和环境变化，现在仅有黑冠鹤和灰冠鹤2种分布在非洲中南部。鹤亚科化石最早见于中新世，化石记录中的3种已经灭绝，现存13种，分为三个属：蓑羽鹤属（2种）、裸额鹤属（1种）、鹤属（9种）和白鹤属（1种）。

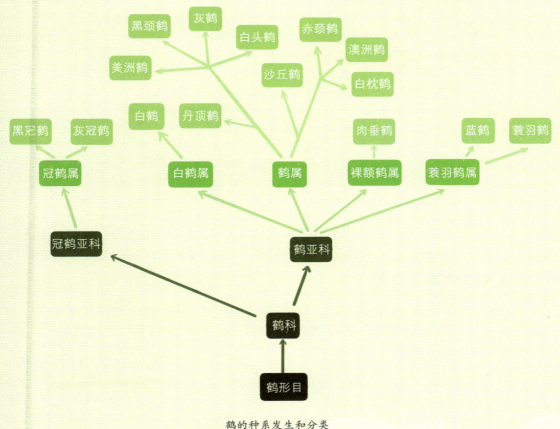

鹤的种系发生和分类

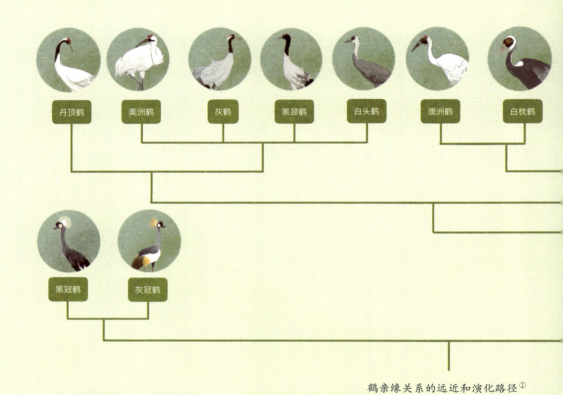

鹤亲缘关系的远近和演化路径[1]

◎ 鹤类世界分布图

现存15种鹤的全球分布为北美洲2种、澳洲1种、亚洲9种、欧洲2种、非洲4种，有些种类的分布会跨越几洲。其中，中国有记录的9种，占全世界鹤类的2/3。

---

[1] 郑光美.世界鸟类分类与分布名录［M］.2版.北京：科学出版社，2022.

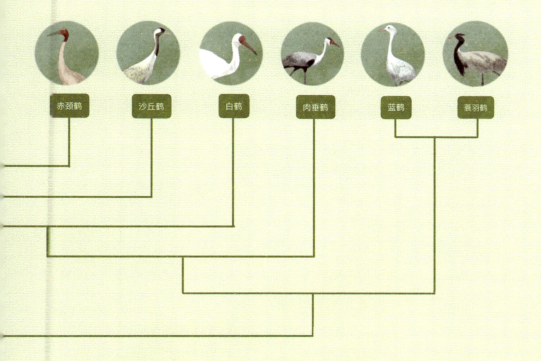

| 赤颈鹤 | 沙丘鹤 | 白鹤 | 肉垂鹤 | 蓝鹤 | 蓑羽鹤 |

❷ 鹤的生活习性

◎ 鹤舞

　　鹤的美，还在于它的善舞。南朝宋文学家鲍照在《舞鹤赋》中赞美鹤舞："众变繁姿""态有遗妍，貌无停趣""轻迹凌乱，浮影交横。"其"始连轩以凤跄，终宛转而龙跃"的舞态，使得风流善舞的"燕姬色沮"也相形见绌。一系列华美绮丽的词藻背后，是鲍照对鹤之绰约仙姿的由衷赞叹。

鹤舞的动作示意

所谓鹤舞，是鹤的一种生理现象，也是鹤的仪式化行为，其动因和意义还未被全部破解。繁殖期雌雄和谐的对舞是性动因和鲜明的爱情主题；喂食时的舞蹈是一种求食时的期待和欢乐感；也有消遣、游戏的动因和放松、欢欣时的条件反射。

鹤舞通常由一系列简单的动作组成，其主要动作有伸腰抬头、弯腰、跳跃、跳踢、展翅行走、屈背翻躬、衔物等，因其姿态华美、节奏感强而引人注目。这些动作通过有机组合表达出不同的寓意：如鞠躬一般表示友好和爱情，但沙丘鹤的鞠躬点头表示屈服而又愤怒，丹顶鹤全身绷紧的低头敬礼表示自身的存在，有炫耀、恐吓之意；弯腰和展翅则表示怡然自得、闲适消遣；亮翅通常表示欢快。

鹤的舞蹈动作，有些具有很大的共性，但有些姿势、幅度、快慢又不同。同种鹤的各种动作，也因场合和条件不同而变化。以丹顶鹤为例，其舞蹈一般分三个部分：将翅膀紧紧夹在尾羽旁，有时也会半张或完全张开，同时，双腿弯曲，将头压至和尾羽差不多高，并将脖子弯成S形，喙朝向对方，一边鸣

叫一边上下点头。接着，它们将头抬起，伸直脖颈，喙微微朝下，翅膀保持展开或拉向背后。紧接着，跳跃起来，腾空跳起同时拍打翅膀，展开尾羽，注视对方。落地后，彼此追逐，忽然间，一只低头捡起树枝等杂物或做出啄食动作，之后高高跃起，扔出杂物，之后对方重复。最后，鹤会把头歪向旁边或身后，结束一连串舞姿。

"欲教以舞，俟其馁而置食于阔远处，拊掌诱之，则奋翼而唳若舞状。久则闻拊掌而必起，此食化也，岂若仙家和气自然之感召哉。今仙种恐未易得，唯华亭种差强耳。"[①]鹤是有灵性的动物，《群芳谱》和《花镜》中都记载了驯鹤教舞的方法，这是"条件反射"原理的成功运用。

◎鹤鸣

鹤的鸣声嘹亮、高亢而略带悲凉，可直入云霄，被誉为长脖子中的管乐器。

这与其特殊的发音器官有关。除冠鹤外，其他鹤的气管长约1米，是人类气管长度的五六倍，且其气管与支气管交界处，有一小段"鸣管"结构，气流冲过鸣管时，在胸脊内盘旋，管壁"鸣膜"振动，引起强烈的共鸣，宛如一柄铜管乐器，发出特定鸣声。广阔的湿地中，鹤鸣声能传递到四五公里之外。

鹤的鸣声，因性别、龄期、条件不同而有很大差异。繁殖期的雄鹤在与雌鹤对鸣时，头朝天，双翅频频振动，能在一个节拍里发出一个高昂悠长的单音；雌鹤鸣叫时也昂首向天空，但不振翅，在一个节拍里发出两三个短促尖细的复

---

① 林洪.山家清事［M］.北京：中华书局，1991:1.

音。这种"二重唱"可能是对企图入侵者的警告，也可能是对爱人的表白，能促使雌雄性行为的同步，保证繁殖的成功。小鹤的鸣叫则主要是为索取食物、保持联系和或许是出于生理需要的使劲鸣叫，这点和人类幼崽颇为相似。小鹤在1周岁离开双亲后变声，此时会发出为保卫领地和无目的的鸣叫；两岁后有齐鸣，有交尾前的鸣叫。

鹤类还有召唤起飞和报警的鸣叫、营巢时的鸣叫。冠鹤有表示情投意合、自我表现的鸣叫和显示悠闲自在的小声咕咕叫。

◎鹤恋

鹤的配偶关系非常稳定。丹顶鹤是一夫一妻制，它对爱情是忠贞不渝的，只要两情相悦，在一起繁殖过后代，就终身不再分离。这是鹤的一种遗传习性，是自然选择的成功。它排斥紊乱的群婚，消除了配偶龄期悬殊的弊端，对鹤类种群的昌盛繁衍起着积极的作用。

鹤的繁殖期在春季，繁殖地点在它们的出生地。鹤的性成熟期一般在3~6岁，在鸟类中是较晚的。成年而无配偶的鹤，只在异窝不相识的鹤中择偶，一般雌雄之间相差2~3岁。这种习性，避免了近亲繁殖，是保持种群优势的必要条件。

扬州大明寺鹤冢石碑

在扬州大明寺平山堂的山坡下，有一座鹤坟，坟旁的石碑上，铭刻着"鹤塚""双鹤铭"的铭文。清光绪十九年，两淮副转运使徐星槎修葺平山堂以后，放了两只鹤在鹤池中。两鹤相亲相爱，形影相随。后来，雌鹤因患足疾毙命，雄鹤巡绕哀鸣，竟绝食而死。星悟和尚深为感动，将双鹤瘗埋于平山堂西侧的第五泉东围墙边，谓"鹤冢"。

鹤的家庭观念非常重。夫妻双方共同负责子女的孕育孵化，共同哺育雏鸟。鹤的迁飞是以家族方式进行的。对待第一次到南方越冬的雏鸟，亲鸟是百般呵护的，但当返回北方繁殖地后，亲鸟们便会纷纷驱赶雏鸟离开。鹤的家庭中，家长们会督促子女们的婚恋，让不同家庭的子女互相接触，寻找配偶。

◎取食

鹤类为杂食性的大型涉禽，但不同鹤种之间，食性的差异很大，如丹顶鹤以动物性食物为主，白鹤、肉垂鹤等则以淡水湿地的苔草类植物为主。鹤类处于湿地生态系统食物链的最高层。它们的食物组成，随着季节和采食地点的变化而变化。它们既吃植物的根、茎、叶、芽，也吃果实和种子，还吃各种昆虫、蠕虫、蛙、鱼、蛇和小型啮齿动物。常在湿地活动的鹤类，嘴都比较长，"大长嘴"更适合湿地觅食，不似鹭鸟用尖细嘴巴捕鱼，鹤类粗壮的大长嘴还用来刨挖植物根茎，类似锄头的功能。

鹤排泄的粪便，可为植物及浮游生物创造生存条件，植物及浮游生物又是高一级消费者的食物来源。这样，鹤类最终为自身的繁衍创造了必要的条件。

❸ 鹤在中国

◎ 中国的鹤类记录

全球共有15种鹤，在中国有记录的是9种，包括黑颈鹤、丹顶鹤、白鹤、赤颈鹤、灰鹤、蓑羽鹤、白枕鹤、白头鹤、沙丘鹤。根据2023年1月调查记录，黑颈鹤和灰鹤数量有所增长。我国境内黑颈鹤有15911只，西藏、云南、贵州、四川4省区均有分布；灰鹤种群数量为45635只，在新疆和山东分布较多；白鹤和蓑羽鹤数量相对稳定，其中白鹤记录到近4500只；丹顶鹤、白枕鹤、白头鹤的数量较以往调查数据有所下降；赤颈鹤在我国境内已经消失；沙丘鹤偶有记录。

◎ 鹤与生存环境

鹤类，是湿地生态环境中的旗舰物种，其存在状况及数量多少可以反映当地环境质量。一块湿地，如果有鹤类，且数量比较多，说明这是一块具有重要保护价值的湿地，同时也说明它的生态环境非常好。因此，保护鹤类，不仅要确保鹤类本身得到恢复和发展，而且还要保护其栖息地的其他重要物种。

鹤类数量的减少主要有几方面原因：栖息地的退化丧失，鹤在迁徙过程中面临的风险，停歇地的非法投毒或非法狩猎，栖息地出现外来物种入侵也会导致鹤的数量减少。比如，上海的崇明东滩，过去是白头鹤的一个重要栖息地，后来崇明东滩的原始生长环境被外来物种互花米草占据了，白头鹤等鸟类数量就持续下降。目前，沿海的很多地区，包括江苏盐城、天津沿海、黄河三角洲，都面临互花米草大量入侵的问题。

鄱阳湖是候鸟在我国境内越冬的重要地点。位于"东亚—澳大利西亚"候鸟迁徙路线上，这条线路上分布着大大小小1000多块湿地，鄱阳湖是其中最重要的一块。最多时每年有超过70万只候鸟来此越冬，白鹤、白头鹤、白枕鹤和灰鹤会在此地越冬。

◎ 鹤类保护

近年来，我国鸟类保护组织会运用卫星跟踪技术开展鹤类保护研究。传统研究候鸟迁徙的方法，如环志法，虽简便易行，但其结果依赖于长周期的监测且回收效果差，无法在短期内取得明显结果，而卫星跟踪技术具有跟踪范围尺度广、时间跨度大等特点，可以准确地得到被跟踪对象的迁徙时间、停留地点以及路径等采用常规方法所无法获得的生物学资料，在短时间内得到物种移动大量准确、及时的信息，并可以结合研究对象本身和其依赖环境的特点进行物种的保护设计。

我国的鸟类组织通常在冬季开展鹤类同步调查。这是因为，在迁徙期，鹤群的行踪不固定，在繁殖期，鹤群分散在沼泽中，不易被发现。而在越冬期，鹤类会形成更大的集群，活动区域也相对稳定，在开阔的湿地、水域中比较容易见到。因此，我们首选在越冬期开始调查。

翱翔一万里，来去几千年。

——李峤

鹤寨诗赋
——鹤与诗文

　　静立时雍容秀雅，信步时潇洒俊逸，引颈高鸣有慷慨之音，展翅起舞似流风回雪。

　　鹤，是自然的精灵，也是美与德的化身。人们赋予它高洁、贤雅、长寿、吉祥、和瑞、健美等多重意蕴。古往今来，鹤被人们以诗词歌赋等多种文学艺术形式广为赞颂，成为著名的文化意象。

　　中国古代文人，爱鹤者无算。观物取象，无数翩翩然有君子风姿、端方持重有高士风骨的鹤形象在文人笔下流淌。

　　从先秦两汉经书到魏晋南北朝辞赋，从隋唐五代诗文到宋元词曲，鹤的意象渐繁、意蕴日丰，关于鹤的名作佳篇如华彩星云，妆点了中国文学这片璀璨星空。

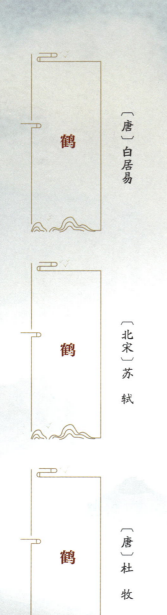

鹤

〔唐〕白居易

人各有所好，物固无常宜。

谁谓尔能舞，不如闲立时。

鹤

〔北宋〕苏 轼

渌净堂前鹤，孤栖守竹轩。

胸中无限事，恨汝不能言。

鹤

〔唐〕杜 牧

清音迎晓月，愁思立寒蒲。

丹顶西施颊，霜毛四皓须。

碧云行止躁，白鹭性灵粗。

终日无群伴，溪边吊影孤。

[注]杜牧（803—853年），字牧之，号樊川居士，汉族，京兆万年（今陕西西安）人，唐代诗人。杜牧人称"小杜"，以别于杜甫。与李商隐并称"小李杜"。因晚年居长安南樊川别墅，故后世称"杜樊川"，著有《樊川文集》。

鹤

〔唐〕李　峤

黄鹤远联翩，从鸾下紫烟。

翾翔一万里，来去几千年。

已憩青田侧，时游丹禁前。

莫言空警露，犹冀一闻天。

［注］李峤（约645—约714年），字巨山，出身赵郡李氏。唐朝时期宰相、诗人。幼通五经，
二十岁登进士第三。与苏味道、崔融、杜审言并称为"文章四友"。为诗富有才思，与
"初唐四杰"之王勃、杨炯接踪。李峤是唐武后、唐中宗时期的文坛领袖，具有崇高的
地位。《旧唐书》誉其为"一代之雄"。其著有七言歌行体《汾阴行》，风格慷慨激昂，
是中国诗歌史上的佳制。

鹤

〔北宋〕司马光

曾下青田啄玉苗，泥沙病羽久萧条。

谪仙不欲留尘世，依旧提携上碧霄。

［注］司马光（1019—1086年），字君实，号迂叟，世称涑水先生。陕州夏县涑水乡（今山西
省夏县）人。北宋时期政治家、史学家、文学家。1084年撰成《资治通鉴》。司马光学
识渊博，在史学、哲学、经学、文学乃至医学方面都进行过钻研。在文学上，他推崇
文以载道。司马光为人忠直严谨，低调淡泊，留下了破瓮救友、诚信卖马等逸事。

鹤

〔唐〕郑谷

一自王乔放自由，俗人行处懒回头。

睡轻旋觉松花堕，舞罢闲听涧水流。

羽翼光明欺积雪，风神洒落占高秋。

应嫌白鹭无仙骨，长伴渔翁宿苇洲。

［注］郑谷（约851—910年）唐朝末期著名诗人。字守愚，汉族，宜春（今属江西）人。僖宗时进士，官都官郎中，人称郑都官。又以《鹧鸪诗》得名，人称郑鹧鸪。其诗多写景咏物之作，表现士大夫的闲情逸致。风格清新通俗，曾与许裳、张乔等唱和往还，号"咸通十哲"，又称"芳林十哲"。

鹤

〔北宋〕欧阳修

樊笼毛羽日低摧，野水长松眼暂开。

万里秋风天外意，日斜闲啄岸边苔。

［注］欧阳修（1007—1072年），字永叔，号醉翁、六一居士，北宋政治家、文学家、史学家。欧阳修是北宋诗文革新运动的领袖，为文以韩愈为宗，大力反对浮靡的时文，以文章负一代盛名，名列"唐宋八大家"和"千古文章四大家"中。曾巩、王安石、苏洵父子等都受到他的提携和栽培，对北宋文学的发展作出了巨大的贡献。其文纡徐委曲，明白易晓，擅长抒情，说理畅达，影响了宋朝一代的文风。诗风雄健清丽，词风婉约有致。此外在经学、史学、金石学等方面都有卓著的成就，苏轼称他"事业三朝之望，文章百世之师"。

鹤赞

〔南北朝〕庾信

武成二年春二月，双白鹤飞集上林园。大将郑伟布弋设置，并皆禽获。六翮^[1]已摧，双心俱怨，相顾哀鸣，孤雄先绝。孀^[2]妻向影，天子愍^[3]焉。信奏事阶墀^[4]，立使为赞。

九皋遥集，三山回归。华亭别唳^[5]，洛浦仙飞。

不防离缴，先遭见羁，笼摧月羽，弋碎霜衣。

塞传余号，关承旧名。南游湘水，东入辽城。

云飞欲舞，露落先鸣。六翮摧折，九门严闭。

相顾哀鸣，肝心断绝。松上长悲，琴中永别。

［注］庾信（513—581年），字子山，小字兰成，北周时期人。南阳新野（今属河南）人。他以聪颖的资质，在梁这个南朝文学的全盛时代积累了很高的文学素养，又来到北方，以其沉痛的生活经历丰富了创作的内容，并多少接受了北方文化的某些因素，从而形成自己的独特面貌。

［1］六翮：谓鸟类双翅中的正羽。用以指鸟的两翼。

［2］孀：丈夫死亡后未再结婚的女人。

［3］愍：本意是指忧患、痛心的事，引申义是爱抚，抚养。

［4］墀：本义指古代殿堂上经过涂饰的地面。

［5］唳：鹤、雁等鸟高亢的鸣叫。

竹鹤

〔北宋〕苏轼

此君何处不相宜，况有能言老令威。

谁识长身古君子，犹将缁布缘深衣。

送王明府参选赋得鹤

〔唐〕骆宾王

振衣游紫府，飞盖背青田。

虚心恒警露，孤影尚凌烟。

离歌悽妙曲，别操绕繁弦。

在阴如可和，轻响会闻天。

[注] 骆宾王（约638—684年），字观光，婺州义乌人，中国唐代官员、文学家、诗人。骆宾王7岁能诗，有神童之誉。骆宾王与王勃、杨炯、卢照邻以文词齐名海内，史称"初唐四杰"。其文学作品现存各体诗数10首、赋3篇、文30余篇。

秋词

〔唐〕刘禹锡

自古逢秋悲寂寥[1]，我言秋日胜春朝[2]。

晴空一鹤排云[3]上，便引诗情到碧霄[4]。

[1] 悲寂寥：悲叹萧条。
[2] 春朝：春天。
[3] 排云：指排开云层。
[4] 碧霄：青天。

步虚词

〔唐〕刘禹锡

华表千年一鹤归，凝丹为顶雪为衣。

星星仙语人听尽，却向五云翻翅飞。

舞 鹤

〔北宋〕曾 巩

蓬瀛归未得，偃翼清溪阴。

忽闻瑶琴奏，遂舞玉山岑。

舞罢复嘹唳，谁知天外心？

[注]曾巩（1019—1083年），字子固，世称南丰先生。建昌军南丰（今属江西）人。北宋史学家、政治家。唐宋八大家之一，现存散文上千篇，其文以议论见长，其诗风与文风相近，较多使用赋的表现手法，比兴的手法略少，显示出宋诗擅长议论的特点。

叹二鹤赋（节选）

〔北宋〕秦 观

广陵郡宅之圃，有二鹤焉，昂然如人，处乎幽闲，翅翮摧伤而弗能飞翻。虽雌雄之相从，常悒悒其鲜欢。时引吭而哀唳，若对客而永叹。圃吏告子曰：此紫微钱公之鹤也。公熙宁时实守此邦，心虚一而体道，治清净而忘言。既不耽乎豆筋，又不嗜乎匏絃。惟此二鹤与之周旋，居则俛仰于宾掾之后，出则飞鸣乎导从之先。故鹤之来也，则知使君之将至……

[注]秦观（1049—1100年），字少游，一字太虚，号淮海居士，别号邗沟居士，高邮人。北宋时期大臣、词人。秦观与黄庭坚、晁补之、张耒合称"苏门四学士"，为北宋婉约派重要作家。其诗清新婉丽，他毕生追随苏氏兄弟，词风独创一格，以秀丽含蓄取胜，情调略显柔弱与凄凉。著作有《淮海词》三卷100多首，宋诗十四卷430多首，散文三十卷共250多篇。

柳桥晚眺

〔宋〕陆 游

小浦闻鱼跃，

横林待鹤归。

闲云不成雨，

故傍碧山飞。

[注] 陆游（1125—1210年），字务观，号放翁，越州山阴（今浙江省绍兴市）人。南宋时期文学家、史学家、爱国诗人。陆游生逢北宋灭亡之际，少年时即深受家庭爱国思想的熏陶。陆游一生笔耕不辍，诗词文俱有很高成就，兼具李白的雄奇奔放与杜甫的沉郁悲凉，尤以饱含爱国热情对后世影响深远。代表作有《示儿》。

晓 鹤

〔唐〕孟 郊

晓鹤弹古舌，婆罗门叫音。

应吹天上律，不使尘中寻。

虚空[1]梦皆断，歆唏[2]安能禁。

如开孤月口，似说明星[3]心。

既非人间韵，枉作人间禽。

不如相将[4]去，碧落窠巢[5]深。

[注] 孟郊（751—814年），字东野，汉族，湖州武康（今浙江德清）人，祖籍平昌（今山东临邑东北），先世居洛阳（今属河南）。唐代著名诗人，现存诗歌500多首，以短篇的五言古诗最多，代表作有《游子吟》。有"诗囚"之称，又与贾岛齐名，人称"郊寒岛瘦"。
[1] 虚空：空虚。天空，空中。
[2] 歆唏：犹悲喜。
[3] 明星：明亮的星。
[4] 相将：相偕，相共，行将。
[5] 窠巢：动物栖身的地方。喻指房屋、家庭。

忆放鹤

[唐]李 绅

羽毛似雪无瑕点，顾影秋池舞白云。

闲整素仪三岛近，回飘清唳九霄闻。

好风顺举应摩日，逸翮将成莫恋群。

凌励坐看空碧外，更怜凫鹭老江濆。

[注] 李绅（772—846年）汉族，字公垂。亳州（今属安徽）人，生于乌程（今浙江湖州），长于润州无锡（今属江苏）。唐元和元年（806年），进士及第，补国子助教。与元稹、白居易交游甚密，他一生最闪光的部分在于诗歌，他是在文学史上产生过巨大影响的新乐府运动的参与者。作有《乐府新题》20首，已佚。著有《悯农》诗两首："锄禾日当午，汗滴禾下土，谁知盘中餐，粒粒皆辛苦。"脍炙人口，妇孺皆知，千古传诵。

题鹤雏

[唐]姚 合

羽毛生未齐，嶕峭丑于鸡。

夜夜穿笼出，捣衣砧上栖。

[注] 姚合，陕州硖石人，约唐文宗太和中前后在世。登元和十一年（816年）进士第。诗与贾岛齐名，号称"姚、贾"。

飞来双白鹤

〔唐〕虞世南

飞来双白鹤，奋翼[1]远凌烟。

俱栖[2]集紫盖，一举背青田。

飏影过伊洛，流声入管弦。

鸣群倒景外，刷羽阆风[3]前。

映海疑浮雪，拂涧泻飞泉。

燕雀宁知去，蜉蝣[4]不识还。

何言别俦侣[5]，从此间山川。

顾步已相失，裴回各自怜。

危心犹警露，哀响讵[6]闻天。

无因振六翮[7]，轻举复随仙。

[注] 虞世南（558—638年），字伯施，汉族，越州余姚（今浙江省慈溪市观海卫镇鸣鹤场）人。南北朝至隋唐时期书法家、文学家、诗人、政治家，凌烟阁二十四功臣之一。陈朝太子中庶子虞荔之子、隋朝内史侍郎虞世基之弟。虞世南善书法，与欧阳询、褚遂良、薛稷合称"唐初四大家"。其所编的《北堂书钞》被誉为唐代四大类书之一，是中国现存最早的类书之一。

[1] 翼：此字始见于春秋文字，本义指鸟的翅膀，后引申出战阵两侧、政治派别、从旁辅佐、恭敬、船等义。此外，翼也是二十八星宿之一。

[2] 栖：有停留、居住、寄托、隐居等意思。

[3] 阆风：阆风巅，山名。传说中神仙居住的地方，在昆仑之巅。

[4] 蜉蝣：比喻微小的生命。

[5] 俦侣：伴侣，朋辈；指结为伴侣或朋友。

[6] 讵：岂，怎。

[7] 六翮：鸟类双翅中的正羽；用以指鸟的两翼。

古风·五鹤西北来

〔唐〕李 白

五鹤西北来，飞飞凌太清。

仙人绿云上，自道安期名。

两两白玉童，双吹紫鸾笙。

去影忽不见，回风送天声。

我欲一问之，飘然若流星。

愿餐金光草，寿与天齐倾。

［注］李白（701—762年），字太白，号青莲居士，唐朝浪漫主义诗人，被后人誉为"诗仙"。
　　　李白存世诗文千余篇，有《李太白集》传世。

崔卿池上鹤

〔唐〕贾 岛

月中时叫叶纷纷，

不异洞庭霜夜[1]闻。

líng
翎羽[2]如今从放长，

犹能飞起向孤云。

［注］贾岛（779—843年），字浪（阆）仙，唐代诗人。汉族，唐朝河北道幽州范阳县（今河
　　　北省涿州市）人。早年出家为僧，号无本。自号"碣石山人"。受教于韩愈，并还俗参
　　　加科举。
［1］霜夜：结霜的夜晚；寒夜。
［2］翎羽：鸟羽。

羡鹤 *

〔唐〕张九龄

郡中每晨兴，辄见群鹤东飞，至暮又行列而返，哕唳云路，甚和乐焉。予愧独处江城，常目送此，意有所羡，遂赋以诗。

云间有数鹤，抚翼意无违。

晓日东田去，烟霄北渚[1]归。

欢呼良自适，罗列好相依。

远集长江静，高翔众鸟稀。

岂烦仙子驭[2]，何畏野人机。

却念乘轩[3]者，拘留不得飞。

[注] 张九龄（673 或 678—740 年），唐开元尚书丞相，诗人，字子寿，一名博物，汉族，韶州曲江（今广东韶关市）人。长安年间进士。官至中书侍郎同中书门下平章事。后罢相，为荆州长史。诗风清淡，有《曲江集》。他是一位有胆识、有远见的著名政治家、文学家、诗人、名相。他忠耿尽职，秉公守则，直言敢谏，选贤任能，不徇私枉法，不趋炎附势，敢与恶势力作斗争，为"开元之治"作出了积极贡献。他的五言古诗，以素练质朴的语言，寄托深远的人生慨望，对扫除唐初所沿袭的六朝绮靡诗风，贡献尤大。被誉为"岭南第一人"。

［1］北渚：北面的水涯。

［2］驭：有驾驶马车的意思，如驾驭；还有统率、控制的意思。

［3］乘轩：乘坐大夫的车子。

＊ 根据《中国的鹤文化》一书标注诗名。

郡西亭偶咏

〔唐〕白居易

常爱西亭面北林，公私尘事不能侵。

共闲作伴无如鹤，与老相宜只有琴。

莫遣是非分作界，须教吏隐合为心。

可怜此道人皆见，但要修行功用深。

独 鹤

〔唐〕韦 庄

夕阳滩上立裴回[1]，

红蓼[2]风前雪翅开。

应为不知栖宿[3]处，

几回飞去又飞来。

[注] 韦庄（约836—910年），字端己，长安杜陵（今陕西省西安市附近）人，晚唐诗人、词人，五代时前蜀宰相。文昌右相韦待价七世孙、苏州刺史韦应物四世孙。韦庄工诗，与温庭筠同为"花间派"代表作家，并称"温韦"。所著长诗《秦妇吟》反映战乱中妇女的不幸遭遇，在当时颇负盛名，与《孔雀东南飞》《木兰诗》并称"乐府三绝"。有《浣花集》十卷，后人又辑其词作为《浣花词》。《全唐诗》录其诗三百一十六首。

[1] 裴回：彷徨。徘徊不进貌。

[2] 红蓼：蓼的一种。多生水边，花呈淡红色。

[3] 栖宿：寄居，止息。

鹤叹

〔北宋〕苏轼

园中有鹤驯可呼，我欲呼之立坐隅[1]。

鹤有难色侧睨[2]予，岂欲臆对[3]如鵩[4]乎。

我生如寄良畸孤[5]，三尺长胫阁瘦躯。

俯啄少许便有余，何至以身为子娱。

驱之上堂立斯须[6]，投以饼饵[7]视若无。

戛然长鸣乃下趋，难进易退我不如。

[1] 坐隅：座位旁边。
[2] 侧睨：斜视。
[3] 臆对：犹意对。以胸臆为对。
[4] 鵩：一种鸟。形似鸮，夜发出恶声，古人以为不祥之鸟。
[5] 畸孤：孤独，孤单。
[6] 斯须：须臾；片刻。
[7] 饼饵：饼类食品的总称。

孤鹤思太清

〔宋〕朱熹

孤鹤悲秋晚，凌风绝太清。

一为栖苑客，空有叫群声。

天矫千年质，飘飖万里情。

九皋无枉路，从遣碧云生。

[注]朱熹（1130—1200年），字元晦，一字仲晦号晦庵，晚称晦翁，又称紫阳先生、考亭先生、沧州病叟、云谷老人、沧洲病叟、逆翁。谥文，又称朱文公。祖籍南宋江南东路徽州府婺源县（今江西省婺源），出生于南剑州尤溪（今属福建三明市）。南宋著名的理学家、思想家、哲学家、教育家、诗人、闽学派的代表人物，世称朱子，是孔子、孟子以来最杰出的弘扬儒学的大师。

琴曲歌辞·别鹤

〔唐〕张　籍

双鹤出云溪^[1]，分飞各自迷。

空巢在松杪，折羽落江泥。

寻水终不饮，逢林亦未栖^[2]。

别离应易老，万里两凄凄。

［注］张籍（约767—约830年），唐代诗人。字文昌，和州乌江（今安徽和县）人，郡
　　望苏州吴（今江苏苏州）。先世移居和州，遂为和州乌江（今安徽和县乌江镇）人。
　　世称"张水部""张司业"。张籍的乐府诗与王建齐名，并称"张王"。著名诗篇有
　　《塞下曲》《征妇怨》《采莲曲》《江南曲》。《张籍籍贯考辨》认为，韩愈所说的"吴
　　郡张籍"乃谓其郡望，并引《新唐书·张籍传》《唐诗纪事》《舆地纪胜》等史传
　　材料，驳苏州之说而定张籍为乌江人。
［1］云溪：云雾缭绕的溪谷。
［2］栖：停留、休息。

琴曲歌辞·别鹤操

〔唐〕韩　愈

雄鹄衔枝来，雌鹄啄泥归。

巢成不生子，大义当乖离。

江汉水之大，鹄身鸟之微。

更无相逢日，安可相随飞。

［注］韩愈（768—824年）字退之，洛阳人，文学家，世有韩昌黎、韩吏部、韩文公之称。
　　三岁即孤，由嫂抚养成人，贞元进士。曾官监察御史、阳山令、刑部侍郎、潮州刺
　　史、吏部侍郎，卒赠礼部侍郎。政治上既不赞成改革主张，又反对藩镇割据。尊儒反
　　佛，比较关心人民疾苦。《别鹤操》（一种古曲）：汉代蔡邕在《琴操》说，商陵牧子
　　娶妻五年无子，父兄欲为改娶。牧子之妻闻之，半夜惊起，倚户悲啸。牧子闻之，援
　　琴而歌："痛恩爱之永离，叹别鹤以舒情。"故名《别鹤操》。

琴曲歌辞·别鹤

〔唐〕杜　牧

分飞共所从，六翮^[1]势摧风。

声断碧云外，影孤明月中。

青田归路远，月桂旧巢空。

矫翼^[2]知何处，天涯不可穷。

---

[1] 六翮：谓鸟类双翅中的正羽。用以指鸟的两翼。
[2] 矫翼：展翅。比喻施展才能。

陈州刺史寄鹤

〔唐〕薛　能

临风高视耸奇形，渡海冲天想尽经。

因得羽仪来合浦^{hé pǔ}^[1]，便无魂梦去华亭。

春飞见境乘桴^{chéng fú}^[2]切，夜嗅^[3]闻时醉枕醒。

南守欲知多少重，抚毛千万唤丁丁^[4]。

[注] 薛能（约817—880年），字太拙，河东汾州（山西汾阳县）人。晚唐大臣，著名诗人。会昌六年，进士及第，补盩厔县尉。仕宦显达，历任三镇从事，累迁嘉州刺史、各部郎中、同州刺史、工部尚书，先后担任感化军、武宁军和忠武军节度使。广明元年，为许州大将周岌所逐，全家遇害。癖于作诗，称赞"诗古赋纵横，令人畏后生"。著有《薛许昌集》十卷、《繁城集》一卷。
[1] 合浦：古郡名。
[2] 乘桴：乘坐竹木小筏。
[3] 嗅：鸟类高声鸣叫。
[4] 丁丁：指汉丁令威。

答贾支使寄鹤

〔唐〕薛 能

瑞羽奇姿跟跄形，称为仙驭过清冥。

何年厚禄曾居卫，几世前身本姓丁。

幸有远云兼远水，莫临华表望华亭。

劳君赠我清歌侣，将去田园夜坐听。

失 鹤

〔唐〕李群玉

瑶台烟雾外，一去不回心。

清海蓬壶[1]远，秋风碧落深。

堕翎[2]留片雪，雅操入孤琴[3]。

岂是笼中物，云萝[4]莫更寻。

[注] 李群玉（约808—约862年），字文山，唐代澧（lǐ）州人。澧县仙眠洲有古迹"水竹居"，
旧志记为"李群玉读书处"。李群玉极有诗才。《湖南通志·李群玉传》称其诗"诗笔妍
丽，才力遒（qiú）健"。他进京向皇帝奉献自己的诗歌"三百篇"。唐宣宗"遍览"其诗，
称赞"所进诗歌，异常高雅"。

[1] 蓬壶：即蓬莱。古代传说中的海中仙山。

[2] 翎：鸟类的羽毛。

[3] 孤琴：孤单的琴，亦指独奏的琴声。

[4] 云萝：藤萝。即紫藤。因藤茎屈曲攀绕如云之缭绕，故称。指深山隐居之处。

失鹤

〔唐〕白居易

失为庭前雪，飞因海上风。

九霄应得侣，三夜不归笼。

声断碧云外，影沉明月中。

郡斋从此后，谁伴白头翁。

失鹤二首

〔唐〕薛能

偶背雕笼[1]与我违，四方端仵竟忘归。

谁家白日云间见，何处沧洲雨里飞。

曾啄稻粱[2]残粒在，旧翘泥潦半踪稀。

凭人转觉多相误，尽道翛然作令威[3]。

华表[4]翘风未可期，变丁投卫两堪疑。

应缘失路防人损，空有归心最我知。

但见空笼抛夕月，若何无树宿荒陂。

不然直道高空外，白水青山属腊师。

---

[1] 雕笼：指雕刻精致的鸟笼。

[2] 稻粱：稻和粱，谷物的总称。

[3] 令威：即丁令威。传说中的神仙名。

[4] 华表：古代设在桥梁、宫殿、城垣或陵墓等前兼作装饰用的巨大柱子。设在陵墓前的又名"墓表"。一般为石造，柱身往往雕有纹饰。

通泉县署屋壁后薛少保画鹤

〔唐〕杜 甫

薛公十一鹤，皆写青田真。

画色久欲尽，苍然犹出尘。

低昂各有意，磊落如长人。

佳此志气[1]远，岂惟粉墨[2]新。

万里不以力，群游森会神。

威迟白凤[3]态，非是仓庚[4]邻。

高堂未倾覆[5]，常得慰嘉宾。

曝露墙壁外，终嗟风雨频。

赤霄有真骨，耻饮<ruby>洿池<rt>wū chí</rt></ruby>[6]津。

冥冥任所往，脱略谁能驯。

［注］杜甫（712—770年），字子美，自号少陵野老，世称"杜工部""杜少陵"等，河南府巩县（今河南省巩义市）人，唐代伟大的现实主义诗人，杜甫被世人尊为"诗圣"，其诗被称为"诗史"。杜甫与李白合称"李杜"。他忧国忧民，人格高尚，他的1400余首诗被保留了下来，诗艺精湛，在中国古典诗歌中备受推崇，影响深远。759~766年间曾居成都，后世有杜甫草堂纪念。

［1］志气：意志和精神；志向和气概。

［2］粉墨：绘画用的白粉与黑墨，泛指绘画颜料。

［3］白凤：传说中的神鸟。

［4］仓庚：亦作"仓鹒"，黄莺的别名。

［5］倾覆：倒塌；翻倒。

［6］洿池：水塘。

画鹤篇

〔唐〕钱 起

点素[1]凝姿任画工，霜毛玉羽照帘栊。

借问飞鸣华表上，何如粉缋彩屏中。

文昌宫近芙蓉阙，兰室絪缊[2]香且结。

炉气朝成缑岭[3]（gōu lǐng）云，银灯夜作华亭月。

日暖花明梁燕归，应惊片雪在仙闱。

主人顾盼千金重，谁肯裴回五里飞。

［注］钱起（约722—780年），字仲文，吴兴（今浙江湖州市）人，唐代诗人。早年数次赴试落第，唐天宝十年（751年）进士，大书法家怀素和尚之叔。他是大历十才子之一，也是其中杰出者，被誉为"大历十才子之冠"。又与郎士元齐名，称"钱郎"，当时称为"前有沈宋，后有钱郎"。

［1］点素：指在绢素上作画。

［2］絪缊：云烟弥漫、气氛浓盛的景象。

［3］缑岭：即缑氏山。多指修道成仙之处。

李生画鹤

〔北宋〕文 同

昂昂青田姿，杳杳在轻素[1]。

一身万里意，双目九霄[2]顾。

铲（shān）[3]铲羽翮（yǔ hé）[4]利，竦竦骨节露。

君初本谁学，我恐必神悟。

得于想像外，看在绝笔处。

稷筌（jì quán）[5]如复生，相与较独步。

［注］文同（1018—1079年），字与可，号笑笑居士、笑笑先生，人称石室先生。北宋梓州梓潼郡永泰县（今四川绵阳市盐亭县）人。著名画家、诗人。他与苏轼是表兄弟，以学名世，擅诗文书画，深为文彦博、司马光等人赞许，尤受其表弟苏轼敬重。

［1］轻素：轻而薄的白色丝织品。

［2］九霄：天之极高处；高空。道家谓仙人居处。

［3］铲：割庄稼的刀。

［4］羽翮：指鸟羽。翮，羽轴下段不生羽瓣而中空的部分。泛指鸟类。

［5］筌：捕鱼的竹器。

和裴相公寄白侍郎求双鹤

〔唐〕刘禹锡

皎皎^{jiǎo}[1]华亭鹤，来随太守船。

青云意长在，沧海[2]别经年。

留滞[3]清洛苑，裴回[4]明月天。

何如凤池上，双舞入祥烟[5]。

[1] 皎皎：洁白貌；清白貌。明亮貌。明白貌；分明貌。
[2] 沧海：大海。古代对东海的别称。神话中的海岛名。
[3] 留滞：停留；羁留。
[4] 裴回：留恋。彷徨。徘徊不进貌。
[5] 祥烟：祥瑞的烟气。

答裴相公乞鹤

〔唐〕白居易

警露[1]声音好，冲天相貌殊。

终宜向辽廓[2]，不称在泥涂[3]。

白首[4]劳为伴，朱门[5]幸见呼。

不知疏野[6]性，解爱凤池无。

[1] 警露：因白露降临而相警戒。
[2] 辽廓：辽阔广大貌。
[3] 泥涂：污泥；淤泥。比喻灾难、困苦的境地。亦指陷入灾难、困苦之中。
[4] 白首：谓男女相爱誓愿白头偕老。
[5] 朱门：红漆大门。指贵族豪富之家。
[6] 疏野：.放纵不拘。

乞　鹤[*]

〔唐〕裴　度

白二十二侍郎有双鹤留在洛下，予西园多野水长松，可以栖息，遂以诗请之

闻君有双鹤，羁旅[1]洛城东。

未放归仙[2]去，何如乞老翁[3]。

且将临野水[4]，莫闭在樊笼[5]。

好是长鸣[6]处，西园白露中。

[注] 裴度（765—839年），字中立，河东闻喜（今山西闻喜东北）人。唐代中期杰出的政治家、文学家。裴度出身河东裴氏的东眷裴氏，为德宗贞元五年（789年）进士。宪宗时累迁司封员外郎、中书舍人、御史中丞，支持宪宗削藩。裴度在文学上主张"不诡其词而词自丽，不异其理而理自新"，反对古文写作上追求奇诡。他对文士多所提掖，时人莫不敬重。晚年留守东都时，与白居易、刘禹锡等借吟诗、饮酒、弹琴、书法以自娱自乐，为洛阳文事活动的中心人物。有文集二卷，《全唐文》及《全唐诗》等录其诗文。

[1] 羁旅：寄居异乡。指客居异乡的人。

[2] 归仙：成仙而去。去世。死的婉辞。

[3] 老翁：年老的男子。含尊重意。

[4] 野水：指非经人工开凿的天然水流。

[5] 樊笼：关鸟兽的笼子。比喻受束缚不自由的境地。

[6] 长鸣：长声鸣叫。多喻士人施展抱负、才能。

[*] 根据《中国的鹤文化》一书标注诗名。

和乐天感鹤

〔唐〕元 稹

我有所爱鹤，毛羽霜雪妍^{yán}[1]。

秋霄一滴露，声闻林外天。

自随卫侯去，遂入大夫轩。

云貌[2]久已隔，玉音无复传。

吟君感鹤操[3]，不觉心惕然[4]。

无乃予所爱，误为微物迁。

因兹谕直质[5]，未免柔细牵。

君看孤松树，左右萝茑^{luó niǎo}[6]缠。

既可习为饱，亦可薰为荃。

期君常善救，勿令终弃捐。

[注] 元稹（779—831年），字微之，别字威明，洛阳（今河南洛阳）人。父元宽，母郑氏。为北魏宗室鲜卑族拓跋部后裔，是什翼犍之十四世孙。唐代著名诗人、文学家，早年和白居易共同提倡"新乐府"。世人常把他和白居易并称"元白"。

[1] 妍：艳丽、美好。

[2] 云貌：犹言仙风道貌。

[3] 鹤操：指《别鹤操》。泛指表示别离的琴曲。

[4] 惕然：惶恐貌。忧虑貌。警觉省悟貌。

[5] 直质：正直朴实的资质。

[6] 萝茑：女萝和茑。两种蔓生植物，常缘树而生。比喻亲戚关系。

答刘郎中《鹤叹》*

〔唐〕白居易

有双鹤留在洛中，忽见刘郎中，依然鸣顾，刘因为《鹤叹》二篇寄予，予以二绝句答之。

辞乡远隔华亭水，逐[1]我来栖缑岭云。

惭愧稻粱长不饱，未曾回眼向鸡群[2]。

荒草院中池水畔，衔恩[3]不去又经春。

见君惊喜双回顾，应为吟声[4]似主人。

[1] 逐：跟随。
[2] 鸡群：亦作"鶏群"。比喻平庸之辈。
[3] 衔恩：受恩；感恩。
[4] 吟声：吟诗之声。
 * 根据《中国的鹤文化》一书标注诗名。

送鹤与裴相临别赠诗

〔唐〕白居易

司空爱尔尔须知，不信听吟送鹤诗。

羽翮[1]势高宁惜别[2]，稻粱[3]恩厚莫愁饥。

夜栖[4]少共鸡争树，晓浴先饶凤占池。

稳上青云勿回顾，的应[5]胜在白家时。

[1] 羽翮：指鸟羽。翮，羽轴下段不生羽瓣而中空的部分。泛指鸟类。
[2] 惜别：舍不得离别。
[3] 稻粱：稻和粱，谷物的总称。
[4] 栖：停留、休息。
[5] 的应：定当。

和裴司空以诗请刑部白侍郎双鹤

皎皎[1]仙家鹤，远留闲宅中。

徘徊[2]幽树月，嘹唳[3]小亭风。
（liáo）

丞相[4]西园好，池塘[5]野水[6]通。

欲将来放此，赏望与宾同。

〔唐〕张 籍

[1] 皎皎：洁白貌；清白貌。明亮貌。明白貌；分明貌。
[2] 徘徊：往返回旋；来回走动。
[3] 嘹唳：形容声音响亮凄清。
[4] 丞相：古代辅佐君主的最高行政长官。
[5] 池塘：蓄水的坑，一般不太大，也不太深。
[6] 野水：指非经人工开凿的天然水流。

和乐天送鹤上裴相公别鹤之作

昨日[1]看成送鹤诗，高笼提出白云司[2]。

朱门乍入应迷路，玉树容栖[3]莫拣[4]枝。

双舞庭中花落处，数声池上月明时。

三山[5]碧海不归[6]去，且向人间呈羽仪。

〔唐〕刘禹锡

[1] 昨日：今天的前一天。过去；以前。
[2] 白云司：刑部的别称。相传黄帝以云命官，秋官为白云。刑部属秋官，故称。亦指刑官。
[3] 栖：停留、休息。
[4] 拣：挑选。同"捡"。
[5] 三山：传说中的海上三神山。
[6] 不归：不返家。

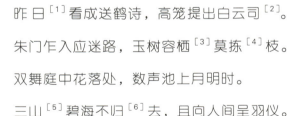

和袭美先辈悼鹤

一夜圆吭绝不鸣，八公虚道[1]得千龄[2]。

方添上客云眠思，忽伴中仙剑解形。

但掩丛毛穿古堞，永留寒影[3]在空屏。

君才幸自清如水，更向芝田[4]为刻铭。

〔唐〕陆龟蒙

[注]陆龟蒙（？—881年），唐代农学家、文学家，字鲁望，别号天随子、江湖散人、甫里先生，江苏吴县人。曾任湖州、苏州刺史幕僚，后隐居松江甫里，编著有《甫里先生文集》等。他的小品文主要收在《笠泽丛书》中，现实针对性强，议论也颇精切，如《野庙碑》《记稻鼠》等。陆龟蒙与皮日休交友，世称"皮陆"，诗以写景咏物为多。

[1]虚道：空泛无用的说教。

[2]千龄：犹千年、千岁。极言时间久长。用作祝寿之语。

[3]寒影：给人以清冷感觉的物影。

[4]芝田：传说中仙人种灵芝的地方。

悼鹤和袭美

渥^{wò}[1]顶鲜毛品格驯，莎庭闲暇重难群。

无端日暮东风起，飘散春空一片云。

〔唐〕张贲

[注]张贲，公元867年前后在世，字润卿，南阳人。登大中进士第。尝隐于茅山。后寓吴中，与皮日休、陆龟蒙游。唐末，为广文博士。贲所作诗，今存十六首。

[1]渥：沾润、沾濡。深重、浓厚。

公斋四咏·鹤屏

〔唐〕皮日休

三幅吹空縠^[1]，孰写仙禽^[2]状。

舵耳侧以听，赤精旷如望。

引吭^[3]看云势，翘足临池样。

颇似近蓐^[4]席，还如入方丈。

尽日空不鸣，穷年但相向。

未许子晋乘，难教道林放。

貌既合羽仪，骨亦符法相。

愿升君子堂，不必思昆阆^[5]。

〔注〕皮日休（约838—约883年），字袭美，一字逸少。曾居住在鹿门山，自号鹿门子，又号间气布衣、醉吟先生。晚唐文学家、散文家，与陆龟蒙齐名，世称"皮陆"。今湖北天门人（《北梦琐言》）。咸通八年（867年）进士及第，在唐时历任苏州军事判官（《吴越备史》）、著作佐郎、太常博士、毗陵副使。后参加黄巢起义，或言"陷巢贼中"（《唐才子传》），任翰林学士，起义失败后不知所踪。诗文兼有奇朴二态，且多为同情民间疾苦之作，有《皮日文薮》。

〔1〕縠：绉纱。比喻波纹。

〔2〕仙禽：指鹤。相传仙人多骑鹤，故称。

〔3〕引吭：拉开嗓子。谓高鸣或高声吟唱。

〔4〕蓐：床上的垫褥。亦借指床。

〔5〕昆阆：指昆仑山上的阆苑，传说中神仙所居之地。

悼鹤并寄友请和

〔唐〕皮日休

华亭鹤闻之旧矣，及来吴中，以钱半千得一只养之。殆经岁，不幸为饮啄所误，经夕而卒。悼之不已，遂继以诗。南阳润卿博士、浙东德师侍御、毗陵魏不琢处士、东吴陆鲁望秀才及厚于予者，悉寄之，请垂见和。

池上低摧[1]病不行，谁教仙魄反层城。

阴苔尚有前朝迹，皎月[2]新无昨夜声。

菰米[3]正残三日料，筠笼休得九霄程。

不知此恨何时尽，遇著云泉即怆情[4]。

[1] 低摧：低首摧眉。形容劳瘁的样子。
[2] 皎月：犹明月。
[3] 菰米：即菰米。古六谷之一。
[4] 怆情：伤心。

陈寄鹤书（节选）

〔清〕邓石如

鹤寿不知其纪，人寿修短，极之不过百年。均宇宙之寄物耳。此鹤寄于公卿，寄于山民，寄于僧佛，又寄于太守。太守也，僧佛也，山民也，公卿也，皆寄于鹤耳。

[注] 邓石如（1743—1805年），初名琰，号完白山人、笈游道人等，怀宁（今安徽安庆）人。清代乾、嘉时期著名碑学大师。工书法、篆刻。书工各体，以篆、隶为最精，颇得古法，兼融各家之长，形成独特风格。清李兆洛谓其书"真气弥满，楷则俱备，其手之所运，心之所追，绝去时俗，同符古初，津梁后生，一代宗仰。"对清代中后期书坛有巨大影响。

友鹤吟

〔宋〕友鹤仙

苍波万里茫茫去，驾风鞭霆^{tíng}[1]捲云路。

玉堂金屋不归来，红尘向上青冥路。

四海明月五湖风，飞冲直上凌虚[2]空。

随风不肯逐西东，犹夷犹夷春空中。

流水一张琴，清波一壶酒。

抚琴响花湾，花香侵坐右。

春风饮啄眠花间，羊裘^{qiú}[3]烟雨间仙凡。

仙中不知凡世事，游鱼歌舞鸥鹭欢。

机鸣籁^{lài}[4]动不自已，数声嘹唳[5]一江水。

江上年来风浪多，日午高人惊不起。

［注］友鹤仙，宋代诗人。《友鹤吟》一诗整理自《古今图书集成》鹤部。
［1］霆：突然暴起的雷声、闪电。
［2］凌虚：升于空际。
［3］羊裘：羊皮做的衣服。
［4］籁：指排箫、箫一类带孔的管乐器。
［5］嘹唳：形容声音响亮凄清。

题松竹白鹤图

〔明〕解缙

松寿千年龄，竹苞四山植。

仙驭何方来，偶此共栖息。

东游扶桑略西极，下上九天仅咫^{zhǐ}尺。

时回啄食向苍苔，会见培风展轻翼。

松花雪落金粉香，竹食贮以供鸾凰。

九皋一声彻云表，怪此人立何昂藏。

临皋梦断洞箫谱，但见赤壁山苍苍。

丹砂作顶耀朝日，白玉为羽明元裳。

金芝瑶草尚厌饫，肉食岂足充君肠。

清风徐来山月白，起舞琪雪参差光。

乘轩肯受淇澳侮，携琴羞与西山将。

天长地久护松竹，凤鸾备驾天门翔。

松为栋梁竹为簜^{dàng}，羽衣常侍北斗傍。

北斗斟酌白玉壶，南崖灿烂沧海枯，万寿千年应瑞图。

[注]解缙（1369—1415年），字大绅，号春雨、喜易，江西吉安府吉水县人，明代初期文学家、内阁首辅。洪武二十一年（1388年）进士，曾奉命总裁《太祖实录》、纂修《永乐大典》。

鹤赋

〔宋〕吴淑

　　伊羽族之宗长，有胎化之仙禽。群鸾凤以遐骛，薄云汉而高寻。既禀精于金火，亦受气于阳阴。若乃引员吭，抗纤趾，动商陵之悲操，舞晋平之清征。翔集既闻于介象，感召复传于萧史[1]。陶侃之墓头吊客，周穆之军中君子。至若集兰岩而顾步，止金穴而回翔。岂复畏鹝鷃之罗纲，诚以知天地之圆方。亦有饮巨蒐[2]之献，玩昆仑之舞。田饶比之而去鲁，庄辛喻之而说楚。自西北而遥集，邈江海而遐举。辞吴市而喧阗，出雷门而轩翥。孟氏周王之饮，岱宗汉帝之坛。缑山识王乔之至，辽东见丁令之还。又若鸣必戒露[3]，白非日浴。或驭于江夏[4]之楼，或饴以潭皋之粟。观其瘦头露眼，丰毛疏肉，既凤翼而龟背，亦燕膺而鳖腹。宣王见海于闻天[5]，王莽传方于渍谷。至若比凫胫而为长，匪[6]鸡群而可乱。赋闻鲍昭之美，诗播齐高之善。羊公既讶于不舞，庾域尝惊于忽见。鸣九皋而寥唳[7]，出华亭而倩[8]练[9]。游卫国而乘轩，向耶溪而取箭。固一举而千里，岂耳目之近玩者乎？

<hr>

[注] 吴淑（947—1002年），北宋学者，辞赋家授大理评事。预修《太平御览》《太平广记》《文苑英华》。通音乐、工书法，颇受太宗赵光义（太祖赵匡胤之弟）赏识。

[1] 萧史：传说为春秋时的人。

[2] 巨蒐：古西戎国名。

[3] 戒露：即警露。

[4] 江夏：今武昌，有黄鹤楼旧址。

[5] 闻天：喻鹤鸣。

[6] 匪：通"非"。

[7] 寥唳：声音凄清。

[8] 倩：美好。

[9] 练：洁白的熟绢。

鹤联句

〔北宋〕范仲淹　欧阳修　滕宗谅

上霄降灵气，钟此千年禽。

幽闲靖节性，孤高伯夷心。

颉颃^{xié háng}[1]紫霄垠，飘飖沧浪浔。

岳湛有仙姿，钧韶无俗音。

毛滋月华淡，顶粹霞光深。

目流泉客泪，翅垂羽人襟。

腾汉雪千丈，点溪霜半寻。

纤喙砺青铁，修胫雕碧琳[2]。

岩栖干溪树，泽饮卑蹄涔^{cén}。

鸾皇自埙篪^{xūn chí}[3]，燕雀徒商参[4]。

独翅耸琼枝，群舞倾瑶林。

病余霞云段，梦回松吹吟。

静嫌鹦鹉言，高笑鸳鸯淫。

金精冷澄澈，玉格寒萧森。

洁白不我恃，腥膻非所任。

稻粱不得已，虮虱胡为侵。

天池忆鹏游，云罗伤凤沈。

风流超缟素，雅淡绝规箴^{guī zhēn}。

相亲长道情，偶见销烦襟。

西汉惜冯唐，华皓欲投簪^[5]。

南朝仰卫玠^[6]，清羸疑不禁。

端如方直臣，处群良足钦。

介^[7]如廉退士，惊秋犹在阴。

几诮鹰隼鸷，羁韝^[8]俄见临。

还嗤凫鹥贪，弋缴终就擒。

乘轩乃一芥，空笼仍万金。

片云伴遥影，冥冥越烟岑^[9]。

长飙^[10]送逸响，亭亭出霜砧^[11]。

蓬瀛忽往来，桑田成古今。

愿下八佾^[12]庭，鼓舞薰风琴。

[注] 范仲淹（989—1052年），字希文，汉族，北宋著名的政治家、思想家、军事家、文学家，世称"范文正公"。范仲淹文学素养很高，写有著名的《岳阳楼记》。

[1] 颉颃：鸟上下飞的动作。

[2] 碧琳：指人的美好品德。

[3] 埙篪：古代乐器。

[4] 商参：指的是参星与商星，古人以此比喻彼此对立，有差别，有距离。

[5] 投簪：丢下固冠用的簪子。比喻弃官。

[6] 卫玠：古代四大美男之一，著名玄学家、名士。

[7] 介：正直；有骨气。

[8] 韝：特指一种戴在手腕上的装饰品，通常用于射箭时保护手腕。

[9] 烟岑：指云雾缭绕的峰峦。

[10] 飙：意思是大风，远风。

[11] 霜砧：寒秋时捣衣的砧声。

[12] 八佾：古代中国的一种乐舞形式，更深层次地体现了古代社会对于等级制度和礼仪规范的高度重视。

二鹤赋

〔明〕王世贞

尚书刑部省中有二鹤焉，朱冠缟衣，昂步接趾，日食官廪[1]lǐn，优游长年。然每一骧[2]xiāng首云霄之翼，嘹唳踯躅，若有所恨慕者。余悲其翮铩而不得飞，嗉[3]sù结而不能言也，为短赋以达之。其辞曰：

予累[4]曹[5]牍[6]dú而夕休兮，步夷犹[7]于周[8]庑[9]wú。徵[10]zhēng阳晞[11]xī于木杪[12]miǎo兮，流光冉冉[13]而不下。万象[14]闃[15]qù其无值[16]兮，忽浮辉乎俪羽[17]。冠猩血之殷鲜兮，衣阳阿[18]之纤缟。状委蛇以相孙[19]兮，又彷徨而惭侣。首低徊其欲诉兮，臆块结[20]而不得语。内专精[21]而愁视兮，桧柏荟蔚[22]而窘武[23]guì。忘翅翮之久铩兮，飘风接而求举。贾[24]gǔ忿[25]志[26]于胜决[27]兮，足离寻[28]而顿[29]处。饥雀啾啾而罢啄兮，翻羡余之托所。何稻粱之见诱兮，将徇[30]口而捐[31]心。华池[32]亘[33]gěn乎莽旷兮，鸾凤拊翼而酬音。芝禾郁其铺绣兮，元露[34]若饴之芬甘。朝奋翼于扶桑[35]兮，蓬莱[36]逮[37]乎夕淹[38]。岂六合[39]之为跼[40]jú兮，天地舒而是眈[41]dān。寄薄命于一秣[42]mò兮，感恩顾乎非亲。凫[43]鹥[44]yī迫狎[45]而称类兮，鸿鹄下窥而见寻。愧灵根[46]之赐钟[47]兮，夕悲鸣而不可禁。

［注］王世贞（1526—1590年）字元美，号凤洲，又号弇州山人，太仓（今江苏太仓）人，明代文学家、史学家。"后七子"领袖之一。官刑部主事，累官刑部尚书，移疾归，卒赠太子少保。好为古诗文，始于李攀龙主文盟，攀龙死，独主文坛二十年。有《弇山堂别集》《嘉靖以来首辅传》《觚不觚录》《弇州山人四部稿》等。

［1］廪：粮食。

［2］骧：昂首。

［3］嗉：禽鸟喉下盛食物的囊。

［4］累：劳累。

［5］曹：古时分职治事的官署或部门；郡县之属官亦曰曹。

［6］牍：木简。自应用纸张后称文书为文牍。

［7］夷犹：从容不迫。

［8］周：环绕。

［9］庑：堂下周围的走廊，廊屋。

［10］徼：求。

［11］晞：天明，破晓。

［12］木杪：树之梢，树端。

［13］冉冉：慢慢地。

［14］万象：指自然界纷云的事物、景象。

［15］閴：寂静。

［16］无值：犹言无价宝。

［17］俪羽：此指双鹤。

［18］阳阿：古代著名的歌舞艺人。

［19］孙：通"逊"；谦恭，顺从。

［20］块结：犹言心中郁结的块垒。

［21］专精：集中精力。

［22］荟蔚：草木繁密。

［23］窘武：犹言窘步，惶急不得前行。武，古以六尺为步，半步为武。

［24］贾：原作有余而可出售之意，此言其满怀，或鼓足。

［25］忿：愤怒。

［26］志：指意志、意愿。

［27］胜决：决胜的倒置，决定最后的胜负。

［28］寻：接着。

［29］顿：停留。

［30］徇：顺从。

［31］捐：舍弃。

［32］华池：传说在昆仑山上的仙池。

［33］亘：连接。

［34］元露：朝露。元，大或初始。

［35］扶桑：神木名。传说有九个太阳居其下枝，一个太阳居其上枝。又作仙岛名，位于东海中，上多树木，叶皆如桑。

［36］蓬莱：传说为海中的仙山，形如壶器。

［37］逮：及。

［38］淹：滞留。

［39］六合：天地四方。

［40］跼：局促，拘束。

［41］耽：深邃。

［42］秣：喂养。

［43］凫：野鸭。

［44］鹥：古书上指鸥。

［45］狎：亲近、轻侮。

［46］灵根：喻祖先。

［47］钟：钟爱。

画鹤赋

〔明〕徐渭

朱冠缟衣，四池[1]玄缘[2]。铁胫[3]昂尻[4]（kāo），金眸夹颠[5]，长喙易[6]渚[7]，圆吭闻天。秉寥廓之高抱，小苍莽[8]之微骞[9]（qiān）。忽一举而追九万之翼[10]，亦孤栖而养千岁之玄。尔[11]其[12]焦山瘗铭，桂阳避弹；道林纵归，扬州缠贯。乘轩卫国，徒传甲者之言；闻唳华亭，谁共吴侬之叹。由此观之，则形骸易泯，不胜[13]留影之难；楮墨[14]如工，返[15]寿终身之玩。尔其舐[16]（shì）笔和铅[17]，征精召巧，或磅礴而解衣，亦凝[18]澄[19]而命草[20]。想仙羽而仿佛[21]于青田[22]，挥[23]束[24]颖[25]而希冀其玄妙。则有翩然以临[26]，划[27]焉凝伫[28]，矫矫[29]波间，亭亭[30]松际。黄楼[31]酒价，全凭橘渖而高；赤壁梦回，徒忆车轮之翅。乃若素壁财粉，朱门始光。徐展玉轮[32]，高悬玳梁[33]。数丈轻绡[34]方挂瀑[35]，一双语燕忽惊行。洒[36]孤雪兮毰毸[37]（péi sāi），顶殷荔而氐昂。方拂澜而振翔，亦将啸而引吭。赝[38]（yàn）以为真，俨[39]致[40]花之粉蝶；久而始觉，误集障之苍蝇。然[41]则[42]物[43]固往往有神于[44]绘而便于玩[45]者矣，又何必网两翼[46]于苍苍。

［1］ 池：指衣物边缘的镶饰。

［2］ 缘：围绕。

［3］ 胫：此指鹤的腿。

［4］ 尻：臀部。

［5］ 颠：头顶。

［6］ 易：安稳。

［7］ 渚：水边和水中的小块陆地。

［8］ 苍莽：指一碧无际的郊野或天空。

［9］ 微骞：犹言小飞。骞，鸟飞。

［10］ 九万之翼：指鹏鸟，传说中最大的鸟，由鲲变化而成。

［11］ 尔：你。

［12］ 其：表示祈使语气的助词。

［13］ 不胜：承担不起，承受不住。

［14］ 楮墨：纸和墨，亦指文字或书画。

［15］ 返：还，回。

［16］ 舐：以舌舔物。

［17］ 铅：铅粉，泛指作画的颜料。

［18］ 凝：集中，凝聚。

［19］ 澄：如水清而静。

［20］ 草：此指底样，草图。

［21］ 仿佛：大概，相似。

［22］ 青田：县名，在今浙江东南部。县府在鹤城镇，相传自古为名鹤产地。

［23］ 挥：抛洒，甩出。

［24］ 束：夹紧。

［25］ 颖：毛笔头。

［26］ 临：降临。

［27］ 划：忽然。

［28］ 凝仁：出神。

［29］ 矫矫：翘然出众。

［30］ 亭亭：耸立。

［31］ 黄楼：黄鹤楼。

［32］ 玉轮：月亮。

［33］ 玳梁：即玳瑁梁，画有玳瑁斑纹的屋梁。

［34］ 绡：生丝织成的薄纱、薄绢。

［35］ 瀑：瀑布。

［36］ 洒：散落，引申为潇洒。

［37］ 毿毵：羽毛张开。亦喻迸发，怒放。

［38］ 赝：伪造的，假的。

［39］ 俨：宛然、俨然，似真的。

［40］ 致：到，引来。

［41］ 然：这样。

［42］ 则：乃是，就是。

［43］ 物：指画。

［44］ 于：对于。

［45］ 玩：欣赏。

［46］ 两翼：此为鹤的代称。

大司徒王公北海，乐亭人也。圣亦如愚，贵能存贱。俯闻浮誉，先移长者之车。仰谢光尘，即倒王公之屣。见其公子，本蓝田之玉艳。示以著述，兼册府之璆缀。披读其中，有疗鹤一记。司徒公从御史迁大理时也，途遘被创之鹤，哀鸣马首。轩而疗之，长翼盈肌，终不复去。表君子之流慈，伟仙禽之善托，抽笔敬赋。

夫何一皓丽之仙禽兮，孕海隅之奇气。鼓壶峤之清夷，表桢元而间藻。逞丹素以明姿，趑象虬而振步。形亚凤以扬仪，吐奇声而嘐彻。驾云踪其委蛇，薄幽林而不处。扬平圃以高睨，岂垂吭于贵粒。将觥觺于昆池，崇红闲之离缴砬玉态以披离。至乃华表摧云，兰岩堕雪，膺散紫胎之毛，臆染蒐戎之血。月羽全亏，霜翎乍折。落万仞以遥惊，逗千翎而横绝。焮桂籍之来游，会蒲且之见掇。遂乃延颈伏地，长鸣振天，向流风而若诉，庶归仁兮自全。厥有碣石真仙，孤竹名贤，俪宝，慈于柱史，迈种德之庭坚，雰霜棱于绣斧，吹暖律于卢船。在云屯而叩振，逅震解以流蠲。公府之骢且止，神皋之禽可怜。遂乃驻此游龙，收其病鹤。类秦树之惊乌，似雕陵之感鹊。纵置文园，留陪金阁。拟俊格以难摅，迟谊寰而卷托。谢冲天之骐骥，就投人之燕雀。闵其半死半生，借以一丘一壑；饮以流丹之泉，傅以良金之药。俯仰颐神，行游顾乐。弱骨重坚，殷防

再合。嬉同神王之翚，怖异禅林之鸽。戏葳蕤之琐墀，对夔夔之华榻。尔乃素月蟾流，清风萤乱。绣箔催蛩，关河别雁，滴涂露以凉年，耿微霜而夜半。单只谁俦，逍遥无患。听远唳于层霄，耸素心于遥汉。至若西北十五，东南二八，霞肆群翔，云天永曼。或取仙人之箭，或寄西王之札。动清叫于圜方，寄奔想乎块圠。岂疏肉之难飞，诅浅毳其如铩。低昂欲乷，徘徊至曙。忆虞人于藻田，奉君子于兰署。非恋目以余羁，实秉心之维恕。念酬环其莫展，欲啣珠而未去。宁希淇上之轩，未羡缑山之御，愿终惠于阶屏，永毕生兮容豫。

[注] 汤显祖（1550—1616年），中国明代戏曲家、文学家、诗人。出身书香门第，早有才名，他不仅于古文诗词颇精，而且能通天文地理、医药卜众诸书。34岁中进士，在南京先后任太常寺博士、詹事府主簿和礼部祠祭司主事。汤显祖多方面的成就中，以戏曲创作为最，其戏剧作品《还魂记》《紫钗记》《南柯记》和《邯郸记》合称"临川四梦"，其中《牡丹亭》是他的代表作。这些剧作不但为中国人民所喜爱，而且已传播到英国、日本、德国、俄罗斯等很多国家，被视为世界戏剧艺术的珍品。汤氏的专著《宜黄县戏神清源师庙记》也是中国戏曲史上论述戏剧表演的一篇重要文献，对导演学起了拓荒开路的作用。

有鹤在林，怀之好音。
载飞载止，食野之芩。

——陈著

鹤影艺林
——鹤与书画

　　鹤，以其丰神俊朗的风姿、丰富而美好的文化寓意，成为中国绘画书法艺术中的重要题材。历代文人爱鹤、咏鹤、画鹤，从壁画到绢本画乃至现代的油画、拇指画等，以鹤为主题的丹青作品跨越载体，穿越时代，经典无数。

　　鹤在中国绘画艺术中不仅是一个重要的视觉元素，更是文化象征和精神寄托的载体。其形象和寓意在不同历史时期和艺术形式中不断演变，展现出丰富的文化内涵和艺术魅力。

　　鹤进入绘画领域后，渗入了作者强烈的思想感情，较之自然物的鹤，更典型、更有特性、更富有表现力。无论注重写生，追求形似，还是崇尚写意，追求神似，或形神兼备，相得益彰，或中西合璧，别开生面。文人画笔下的鹤，有神采，亦有风骨，旨趣益远，寓意深厚，是艺术美学与理性哲思的具象表达。

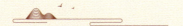

竹鹤图

马远，"南宋四大家"之一。画中，仙山雾绕，鹤鸣竹林，一派仙家气象。白鹤高雅纯净，青竹挺拔有节，高士携着一双童男童女游于青竹之间，他右手执杯，作沉吟状，眼神却被远方的景色所吸引。

南宋　马远

万岁竹千年鹤图

南宋　法常

法常笔下的鹤，在竹林中边鸣边走，昂首阔步。周围迷濛暗淡，只有竹梢掩映着月光，使竹林时隐时现，显得整幅画面十分潇洒。地面只有草根和片片竹叶，尽管景物清寒萧瑟，但孤鹤却英姿飒爽，神态自若，勇往直前，观者仿佛能听到响亮的鹤声。通过此画，作者希望告诉人们，在风云突变的世界中，必须看清尘世，要像竹林中的孤鹤一样，镇定自若，高歌直前，向往美好的未来。这可以说是一幅包蕴着"禅机"的绘画，体现了超凡出世的思想。

高僧领鹤图

罗聘（1733—1799年），清代画家，"扬州八怪"之一。字遯夫，号两峰，又号衣云、花之寺僧、金牛山人、师莲老人等。祖籍安徽歙县，其先辈迁居扬州。为金农入室弟子，布衣，好游历。

《高僧领鹤图》描画的是一僧人在竹林回首时还对一只鹤，鹤姿态俯首有趣，在潇洒清丽的数竿清竹中互动。笔墨画风古逸优雅，反映了画家避世出尘的情韵。

清　罗聘

花荫双鹤图

郎世宁（Giuseppe Castiglione，1688—1766年），天主教耶稣会修士、画家，意大利米兰人。1715年（清康熙五十四年）来中国传教，随即入皇宫任宫廷画家，历经康熙、雍正、乾隆三朝，在中国从事绘画50多年，并参加了圆明园西洋楼的设计工作，为清代宫廷十大画家之一。

郎世宁擅长绘骏马、人物肖像、花开走兽，风格上强调将西方绘画手法与传统中国笔墨相融合，受到皇帝的喜爱，也极大地影响了康熙之后的清代宫廷绘画和审美趣味。

　　该画是一副寓意和睦温馨，天长地久的吉祥画。画面色彩艳丽，设色以朱红，石绿，石黄、蛤粉等，仙鹤优美修长的身形，洁白的羽毛光滑可鉴，又极富层次立体感，尾部黑色的羽毛显出蓬松而又柔软的质感，在光线下闪着淡淡的蓝绿色色的光晕，鲜红色的冠肉像一只皇冠显示它的高贵气质。画面雅而不俗，足见郎世宁技艺超群。

清　郎世宁

双鹤图

徐悲鸿

　　徐悲鸿（1895—1953年），江苏宜兴人。中国现代美术事业奠基者之一，杰出的画家和美术教育家。自幼承袭家学，研习中国水墨画。

　　松鹤是自古以来就颇受人们喜爱的花鸟题材，因为松被用来祝寿考、喻长生，被赋予高洁不群的形象；鹤，也是被道教引入神仙世界，视为出世之物，也就成了超逸、清雅的象征。徐悲鸿曾多次画鹤以志情，堪称同类题材中的佼佼者，为徐悲鸿大尺幅精品力作。

松鹤寿柏图

　　任颐（1840—1895年），初名润，字伯年，一字次远，号小楼（亦作晓楼），浙江山阴瓜沥（今属杭州市萧山区）人，清末画家。绘画题材广泛，人物、肖像、山水、花卉、禽鸟无不擅长。用笔用墨，丰富多变，构图新巧，主题突出，疏中有密，虚实相间，浓淡相生，富有诗情画意，清新流畅是他的独特风格。

　　任伯年是"海派"的杰出代表，与任熊、任薰、任预合称"上海四任"，又与蒲华、虚谷、吴昌硕合称"海派四杰"，是清末上海画坛变古求新之潮中的佼佼者。吴昌硕在《石交录》中曾称其"流寓海上，书画雄一时"。

　　这幅《松鹤寿柏图》是作者的代表作。画中的松柏均为常青之木，仙鹤更是祥禽瑞鸟，寓意吉祥，是古代祝寿的常见题材。在这幅作品中，仙鹤立于柏树之间，有延年益寿之寄寓；兰花和山石间插，则象征君子高尚的品德，可谓相得益彰，物象通俗，雅俗共赏。

清　任颐

诗文目录

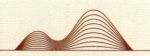

［1］康金国.鹤寿千岁［M］.北京：光明日报出版社，2017.

［2］莫容.中国的鹤文化［M］.北京：中国林业出版社，1994.

［3］王秀杰.仙鹤——鹤文化杂谈集［M］.2版.辽宁：辽海出版社，2017.

［4］陈吉余，李道季，金文华.浦东国际机场东移与九段沙生态工程［J］.中国工程

　　科学，2001，3（4）：4.

［5］林洪.山家清事［M］.北京：中华书局，1991:1.

在编撰这本《鹤文化故事：鹤美华亭》的过程中，我深陷鹤之美。这本书也终于在几易其稿后要跟读者们见面了。鹤美而不媚，正如莲"濯清涟而不妖"，这种美投合了修身养性之文人的喜好。"华亭东百里"的文化绝不仅仅限于盐、鹤文化，目前也拓展到水文化、红色文化、西瓜文化等，尤其是整个图书系列将更加细分到物产、人物等，这将使得上海的城市文化展示力渗透更广。今年可喜的是，盐文化因新场古镇申请中国世界文化遗产的准备工作而备受重视，同时也非常希望能够通过此书的"文化科普"来引导大家重新审视代表文人美学精神的鹤之极品——"华亭鹤"。

为了体验古人放鹤的欢愉场景，我于2023年专程前往江苏省盐城市的射阳丹顶鹤保护区实地体验，意外之喜的是不仅观了鹤，还赶上了两场"放鹤"。场面美轮美奂，只叹是如今的上海早不见了鹤的踪影。于是，顺势提出了"数字鹤"的概念。今人如能继续数字养鹤、放鹤，岂不美哉？巧的是，浦东新区航头镇的牌楼村（古地名鹤窠村）在2023年创建成功上海市乡村振兴示范村，我爬梳文献、整理资料、汇编撰文，提出了"和美牌楼"的村庄标语，恰又与今年"全域和美乡村"的方案不谋而合。

鹤之美不仅是它本身的天然美，还包括被应用到各种艺术、人文的表现场景之美。鹤之祥瑞为普通民众所接受，鹤之雅正也成为方直之人、圣贤君子的文化表征。

谁曾料想华亭鹤居然是出自如今浦东的航头镇牌楼村，又是否知道在上海历史博物馆的馆藏里，有篇老城厢的小文《吾园记》就记载了景点"鹤巢"。本书是东华大学与浦东新区航头镇的校地合作项目产出成果，也是我们系列读本的第二本，整个出版过程得到了喜欢本土文化的多方人士的支持和关注。如何在字里行间让各位读者领略到鹤之美，我们的创作小组也是反复易稿。这里有画家尉涧松、朱者赤两位老师的助力，也有诸多同事及学生陈丹蓉、刘浩宇、苏佳颖、谢佳利等的大力支持。值得一提的是，我们在整理资

料过程中，针对鹤的专业知识，得到了全国著名的丹顶鹤保护专家吕士成先生、上海自然博物馆唐先华女士、鸟类专家李必成博士以及野保专家薄顺奇老师的帮助和指导。我们的第一本已经首战告捷，第二本在成书时更是在整套书的创作理念、整体策划上得到了陈思和老师与张岚老师的不吝赐教，尤其感谢陈老师，即使身处病中也欣然提笔作序千余言，而张老师是此读本作为"展示学文化演绎和多维度叙事的创新视角"研究成果的见证人。我们以读本为纽带，在博物馆、街区开展文化展示推广活动，收到良好市场反馈。

作为文化科普与文化展示的读本，前期已有本乡康金国弟所出的《鹤寿千岁》，为弘扬鹤文化立下范本。如何面向"青少年为主""老少咸宜"的受众目标，凸显此系列的特点，也是我们在创作过程中反复咀嚼酝酿的点。

感谢学校、浦东新区航头镇和下沙社区的领导对"文化结对"工作的一贯支持，让我们有机会深入了解并参与"建设习近平文化思想最佳实践地"这项文化工程。另外，本书的内容展示传播、宣传推广工作也得到了上海源耀集团及出版界好友的大力帮助，在此一并感谢！

希望鹤之美能够让人民的生活充满人文气，希望我们的"海派新乡村"系列和"神奇密码"系列能够尽快落地开花！

胡杰明

2024年6月

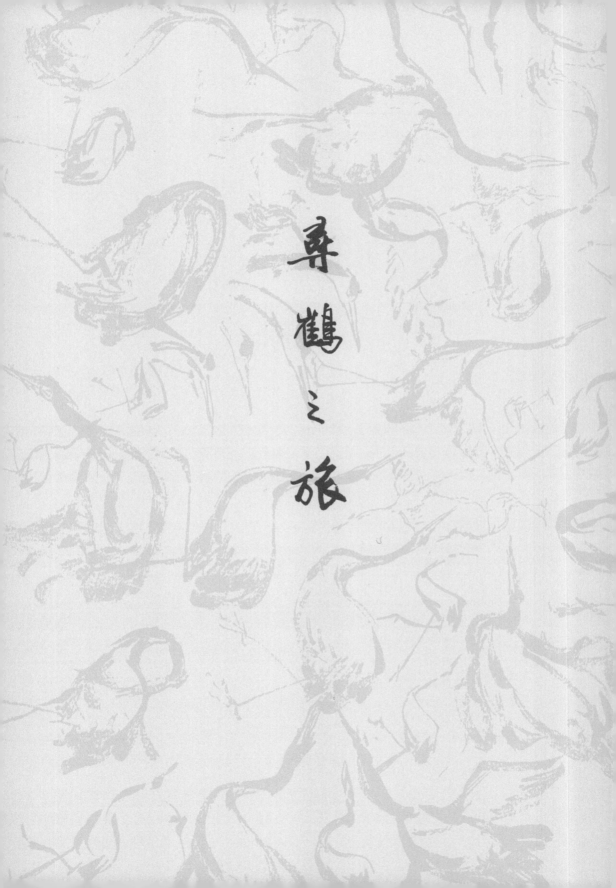

尋鶴之旅